Zeitreisen mit Luftschiffen und nach Paris
Beiträge zur Kultur- und Technikgeschichte

Zeitreisen #03
edition.epilog.de

Montgolfièren-Aufstieg am 19. Oktober 1783.

Zeitreisen
mit Luftschiffen und nach Paris

Beiträge zur Kultur- und Technikgeschichte

epilog.de
zeitreisen zur kultur + technik

Herausgegeben von Ronald Hoppe
edition.epilog.de

FSC
www.fsc.org
MIX
Papier aus verantwortungsvollen Quellen
Paper from responsible sources
FSC® C105338

Bibliografische Information der Deutschen Nationalbibliothek:
Die Deutsche Nationalbibliothek verzeichnet diese Publikation in der Deutschen Nationalbibliografie; detaillierte bibliografische Daten sind im Internet über http://dnb.dnb.de abrufbar.

Das Titelbild zeigt die Weltausstellung in Paris 1889.

Für diese Ausgabe wurden die Originaltexte in die aktuelle Rechtschreibung umgesetzt und behutsam redigiert. Längenangaben und andere Maße wurden gegebenenfalls in das metrische System umgerechnet.

Ausgewählt, redigiert und gestaltet von Ronald Hoppe
Herstellung und Verlag: BoD – Books on Demand, Norderstedt

ISBN: 978-3-7543-5702-6

INHALT

Zeitreisen 3

Verkehr

Bau & Architektur

Forschung & Technik

Handel & Industrie

Daseinvorsorge

Feuilleton

---

*) Diese Beiträge wurden mit Abbildungen aus anderen Quellen ergänzt.

Der Dortmund-Ems-Kanal und das Schiffshebewerk bei Henrichenburg

DAS NEUE UNIVERSUM • 1899

Das Schiffshebewerk Henrichenburg am Dortmund-Ems-Kanal in den 1920er Jahren.

Unter den neueren zum Ersatz von Schleusentreppen angelegten Schiffshebewerken oder Schwimmschleusen, deren bereits in England, Frankreich und Belgien verschiedene gebaut worden sind, ist die gewaltige Schwimmschleuse des Dortnund-Ems-Kanals beim Ort Henrichenburg in der Nähe von Dortmund bei weitem das größte.

Der Kanal von Dortmund zur Ems ist in den letzten Jahren mit einem Aufwand von vielen Millionen gebaut worden, um den größten Knotenpunkt des rheinisch-westfälischen Kohlenverkehrs mit der Nordsee in direkte Verbindung zu bringen; gleichzeitig ist durch die Kanalisierung der Ems und die teilweise Herstellung von Nebenkanälen zu ihrem Lauf ein neuer deutscher Strom der Großschifffahrt erschlossen worden. Der neue Kanal erhält unter anderm bei Papenburg, dem Mittelpunkt der westdeutschen Moorkolonisation, einen umfangreichen Hafen, durch ein System von Seeschleusen in den Kanal übergehend. Diese Schleusen dienen, ähnlich den gewaltigen Seeschleusen des Nord-Ostseekanals dazu, die niveauverändernden Wirkungen der Ebbe und Flut vom Kanal abzuhalten und zu jeder Zeit das Ein- und Auslaufen der Schiffe zu ermöglichen. Der Wasserstand des Kanals wird teils durch die großen beim Schleusen ihm aus der See zuströmenden Wassermengen, teils durch ein gewaltiges Pumpwerk im oberen Lauf des Kanals, welches das Wasser der Ruhr in den Dortmund-Emskanal emporhebt, auf der nötigen Höhe erhalten.

Wir geben hier außer einer Karte, welche den Lauf des Kanals veranschaulicht, einige Abbildungen, die während der Bauzeit aufgenommen wurden; die wichtigste und merkwürdigste Bauausführung ist aber zweifellos das in unserer Abbildung dargestellte Schiffshebewerk oder die Schwimmschleuse. Da die Höhe vor Dortmund mit dem Niveau des Hauptkanals nicht übereinstimmt, so sind alle nach dem Dortmunder Hafen gehenden Schiffe um etwa 15 m zu heben und in umgekehrter Fahrtrichtung ebenso viel zu senken.

Bei Henrichenburg, etwa 2 Meilen nördlich von Dortmund, ließ sich dieser ganze Niveauunterschied auf einen Punkt vereinigen, weshalb hier eine sogenannte Schwimmschleuse angelegt wurde, die den andernfalls für dieselbe Hebung nötigen 5 Stauschleusen sowohl durch ihren geringen Wasserverbrauch

Schleppzugschleuse bei Hanekenfähr.

als an Schnelligkeit des Durchschleusens weit überlegen ist. Das Hebewerk besteht in der Hauptsache aus einem eisernen, beweglichen Trog von 70 m Länge, der Schiffe bis zu 600 Tonnen Last aufnehmen und auf- und abwärts befördern kann. Da dieser Kasten mit seinem Wasserinhalt nicht weniger als 60000 Zentner wiegt, wovon etwas mehr als die Hälfte auf das bewegte Wasser, etwas weniger als die Hälfte auf die Eisenlast nebst den zu ihrer Bewegung nötigen Konstruktionsteilen entfällt, so ist eine große hebende Kraft zur Ausbalancierung dieser riesigen Last nötig. Durch mechanische Kraft gehoben würde der Kasten unter dem Angriff von 200 – 300 Pferdekräften mindestens eine Stunde brauchen, um die 15 m Unterschied zwischen der unteren und oberen Haltung des Kanals zurückzulegen.

Man hat also den ganzen Kasten durch den Auftrieb von 5 hohlen, zylinderförmigen Eisenschwimmern, die sich in ebenso geformten Brunnen auf und nieder bewegen, ausbalanciert. Obwohl eine Hohlkugel von einem Meter Durchmesser im Wasser schon einen Auftrieb von 15 Zentner besitzt, so

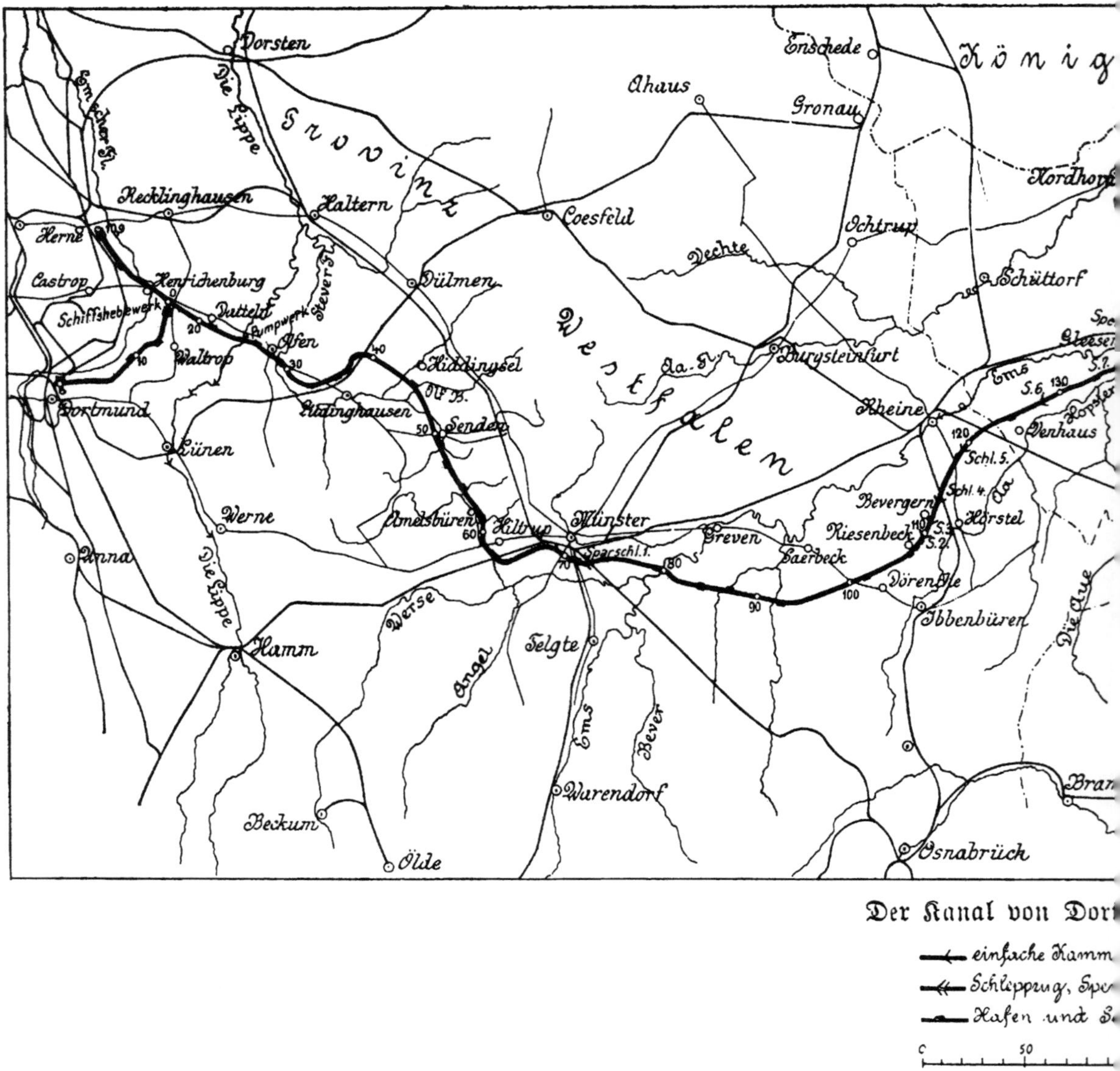

Der Kanal von Dor

war es doch begreiflicherweise nicht leicht, die ganze Last des wassergefüllten Schleusenkastens mit einem 12 000 Zentner fassenden Schiffe darin gleichsam in der Schwebe zu halten. Die Schwimmer haben bei 13 m Höhe einen Umfang von 26 m und mussten, um beim Untertauchen vom Wasserdruck nicht zusammengepresst zu werden, aus 2 cm dicken Eisenplatten genietet werden. Obwohl jeder von diesen mächtigen Eisenkesseln mit dem Gestänge, welches ihn mit dem Trog verbindet, über 1200 Zentner wiegt, so strebt er dennoch mit dem zehnfachen Drucke aufwärts, und alle 5 Schwimmer halten

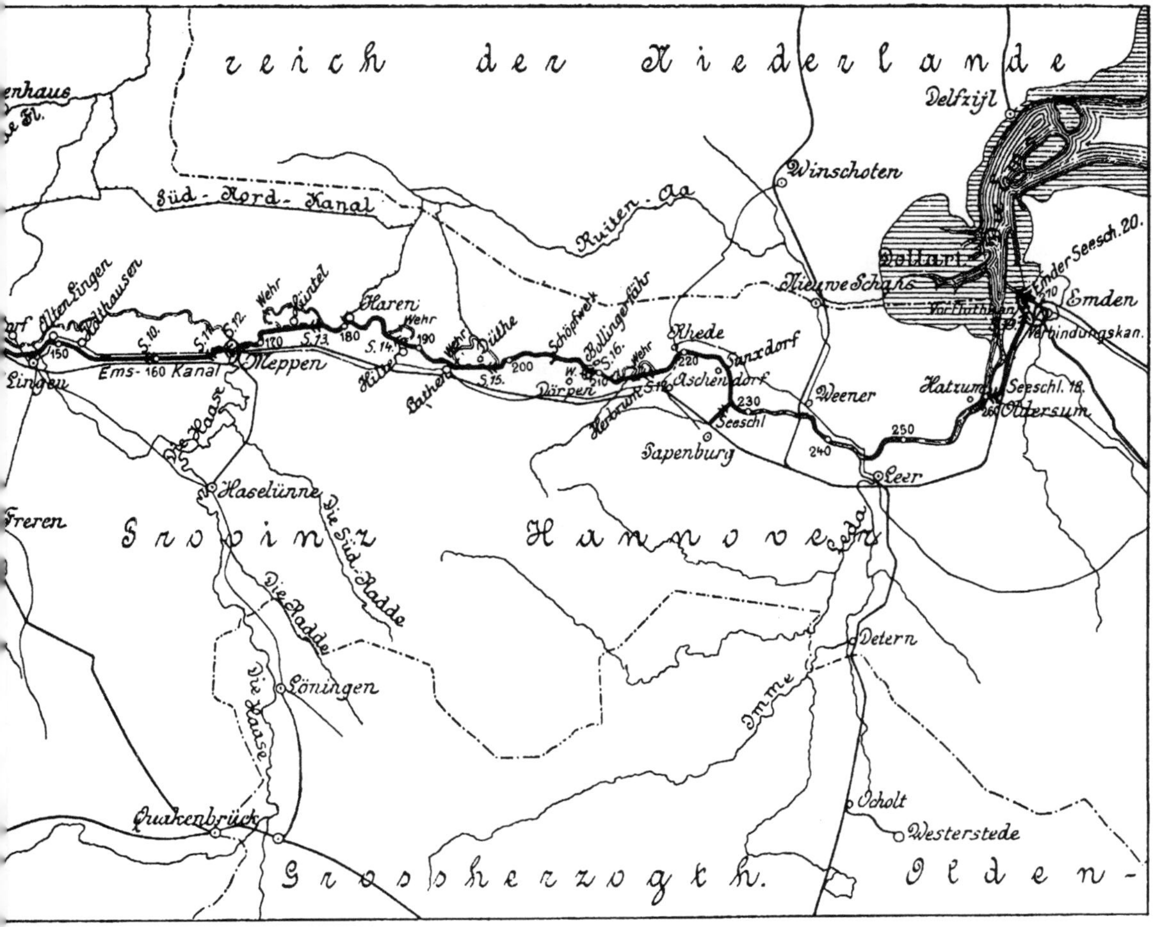

nach den Emshäfen.

se.

Seeschleuse.

egeplatz.

200 km

im regelrechten Betrieb dem auf ihnen lastenden Gewicht so genau die Waage, dass theoretisch die geringste Gewichtserleichterung des Schleusenkastens, z. B. das Ablassen von einem Fingerbreit Wasser, ihn zum Steigen, das Gegenteil aber zum Sinken bringen muss.

Um aber keinen zufälligen Betriebsstörungen und unliebsamen Überraschungen ausgesetzt zu sein (beim Leerlaufen des Troges infolge eines plötzlich entstehenden Leckes würden ihn die Schwimmer mit einem Drucke von 32 000 Zentner reißend schnell emportreiben), so ist noch für eine anderweitige Unterstützung und Bewegung des Kastens gesorgt. Vier baumstarke und 25 m lange Schraubenspindeln aus feinstem Stahl tragen den Trog gleichzeitig an seinen Ecken und fesseln ihn auch an den Boden, da sie mit ihrem Fuß tief verankert sind. Die Verbindung zwischen ihnen und dem Kasten ist aber keine feste, sondern sie wird durch drehbare Muttern hergestellt, welche sich mittels elektrischen Antriebs mit großer Schnelligkeit und in genau gleichem Gange um die Spindeln drehen lassen und dabei den wassergefüllten Trog mit dem darin befindlichen Fahrzeug heben oder senken. Es bedarf dazu keiner großen Kraft, weil ja die ganze Last infolge des ihr entgegenwirkenden Schwimmerdrucks eigentlich als gewichtslos angesehen werden kann. Um aber selbst für den Fall, dass an einem der Schwimmer oder dem zugehörigen Brunnen etwas nicht in Ordnung ist, wodurch sich die zu hebende Last gleich um 12 000 Zentner vermehrt, gerüstet zu sein, steht noch eine 200-pferdige Dampfkraft zur Verfügung.

Schiffshebewerk bei Henrichenburg

Sperrschleuse bei Gleesen in der Ausführung.

Interessant gestaltete sich auch der Bau der Brunnen, welche am Boden einer großen, 10 m tiefen Baugrube angelegt sind Und unter dieses den Trog und seine Tragkonstruktion aufnehmende Bassin noch weitere 25 m hinabreichen. Um diese Schwimmbassins, die fast 10 m Durchmesser haben, möglichst wasserdicht zu bekommen, wurden sie ganz mit eisernen Ringen ausgekleidet, welche in brusthohen Einzelstücken je nach dem Fortschritt der Bohrung eingebracht und fest verschraubt wurden. Der Mantel jedes einzelnen Brunnens besteht aus 886 gusseisernen Einzelplatten und wiegt über 3600 Zentner. Die Senkung der Brunnen auf eine so bedeutende Tiefe – ihr Boden liegt 85 m unter dem Terrain – das Fernhalten des Wassers beim Bau, die Zusammensetzung der an 3000 – 4000 Fugen mit Blei zu dichtenden Ummantelung bot ebenso schwierige wie interessante Arbeiten, die der Schleusenbau hier zum ersten Mal mit sich brachte; und von den 2¼ Mill. Mark, welche die Schwimmschleuse bis zu ihrer Fertigstellung kosten wird, haben diese Arbeiten unter der Erdoberfläche einen nicht unbedeutenden Teil beansprucht. ❒

Stielbagger im Einschnitt bei Riesenbeck.

Ein neues Luftschiff

Die Gartenlaube • 1859

Demnächst wird ein Amerikaner per Luft eine Reise nach England machen. Derselbe heißt T. S. E. Lowe, ist aus New Hampshire und hat schon 36 Luftfahrten gemacht. Seit seiner letzten Fahrt, die von Portland aus am 4. Juli 1859 stattfand, beschäftigt er sich eifrigst mit der Konstruktion eines Luftschiffes, welches alles Dagewesene an Größe überbieten soll. Die Dimensionen desselben sind so bedeutend, dass das Ölen des Gasbehälters eine Strecke von beträchtlicher Ausdehnung in der Nähe von New York in Anspruch nimmt. Diese Dimensionen sind kürzlich folgende: Größter Durchmesser 41 m; Gewicht mit Ausrüstung 3½ t; Tragkraft 22½ t; Inhalt des Gasbehälters 22 500 m^3.

Man hat dem Ballon den Namen ›*City of New York*‹ gegeben und er ist fast fünfmal größer als der größte Ballon, der jemals gebaut wurde. Seiner Form nach gleicht er den gewöhnlichen vertikalen Gasbehältern mit Korb und Rettungsboot. Indessen lässt die Anwendung wertvoller Verbesserungen glauben, dass er im Allgemeinen viel besser gebaut sein wird als die früheren. Bei ihm kommt mechanische Kraft mit zur Anwendung. Ein Kalkofen soll die Leute, die sich auf dem Schiff befinden, vor der Kälte schützen. Außerdem hat man ein neues Fächersystem ausgedacht und will es bei dem Ballon anwenden und der Stoff, aus dem der Gasbehälter besteht, ist mit einem Firnis umgeben, dessen Erfindung Mr. Lowe für sich in Anspruch nimmt. Für den Gasbehälter hat man 8000 m^2 Stoff verbraucht, und 17 Nähmaschinen benutzte man, um die Stücke zusammenzunähen. Der obere Teil des Gasbehälters, wo die Gasklappe angebracht werden soll, ist dreimal so stark als das Übrige, außerdem noch durch schwere braune Leinwand fester gemacht und dreifach genäht. Das Netzwerk, welches den Gasbehälter umgibt, besteht aus starken Seilen, welche zu diesem Zweck besonders von Flachs gemacht worden sind. Seine Stärke entspricht einer Widerstandskraft von 160 t und jedes Tau ist imstande ein Gewicht von 200–250 kg zu tragen. Der Korb, welcher unter dem Ballon angebracht werden soll, hat einen Umfang von 6,6 m und eine Tiefe von 1,3 m. Er ist rundum mit Segeltuch umgeben. Darin werden sich die Aeronauten befinden. Der schon erwähnte Kalkofen, der darin sein soll, ist 50 cm hoch und hat 60 cm im Geviert. Mr. Lowe ist von der Nutzbarkeit desselben so überzeugt, dass er es für möglich hält, in Regionen hinaufzusteigen, wo das Wasser gefriert, und dennoch meint er, nichts von der Kälte für sich selbst und die Passagiere befürchten zu dürfen.

Unter dem Korb befindet sich ein metallenes Rettungsboot mit einer Ericsonschen Maschine. Ihr hauptsächlicher Zweck besteht in der Kontrolle, wodurch die Leitung des Ganzen ermöglicht werden soll. Der Propeller befindet sich in einem Winkel von 45° im Bug des Rettungsboot. Von einem Rad am Ende laufen 20 Fächer aus, von denen jeder 1½ m lang ist und die bis zum Ende allmählich an Weite zunehmen, wo dieselbe 50 cm beträgt. Mr. Lowe glaubt durch Anwendung dieser Mechanik sein Schiff beliebig steigen und sinken lassen zu können; er meint, mit Hilfe derselben im Stande zu sein, zu steuern und die Rotationsbewegung der Maschine zu verhindern. Die Steige- und Fallkraft der Maschinerie soll ein Gewicht von 150 kg erreichen, und die Fächer sind so angebracht, dass sie eine rasche Bewegung auf- und niederwärts gestatten.

Mr. Lowe beabsichtigt, anfänglich bis zu einer Höhe von 5 – 6000 m emporzusteigen. Indessen will er nicht immer in dieser Höhe bleiben, sondern er denkt sich in einer Entfernung von der Erde zu halten, die ihm gestattet, zu sehen, was man mit ihr tut und treibt. Er will nach Nordosten steuern und will in England oder auch Frankreich landen. Die Entfernung von New York bis London glaubt er in 48 Stunden durchmessen zu können. Ist es ihm möglich, das auszuführen, was er verspricht, so wird er mehr geleistet haben, als irgendein Luftschiffer vor ihm. Misslingt der Versuch, so handelt es sich um den Verlust von 20 000 $. Die Zeit, wo die Fahrt geschehen soll, ist noch nicht bestimmt. Das Schiff wird indessen in 3 bis 4 Wochen fertig, und Mr. Lowe wird wohl dann nicht mit seinem kühnen Plan auf sich warten lassen. ❒

Eine Fahrt im Luftschiff von Amerika nach Europa

Die Gartenlaube • 1859

Schon in ***Ein neues Luftschiff*** ist erzählt worden, dass der Amerikaner Lowe die Absicht hat, in einen, Luftballon über das Weltmeer zu schiffen und uns in Europa einen Besuch zu machen. Er ließ sich zu diesen, Zweck den größten Ballon fertigen, den er *›City of New York‹* nannte, der einen Durchmesser von 41 m, eine Höhe von 64 m, ein Gewicht von 3½ t hat, über 20 t tragen und 22 500 m³ Gas fassen kann. Zu diesem Riesenballon wurden sechstausend Ellen Zeug verwendet. Um ihn her liegt ein Geflecht von Flachsstricken; von diesen hängt ein Korb herab und unter diesem ist noch ein Boot angebracht. Der Korb (von dessen Inneren wir eine Ansicht geben) ist von spanischem Rohr gebaut und mit Leinwand überdeckt. In ihm läuft rund an den Seiten herum eine Art Sofa und darüber sind nicht nur Pflöcke usw. zum Aufhängen von Instrumenten und Kleidungsstücken, sondern auch Fenster mit Glas angebracht. Geräumige Kisten enthalten die notwendigen Lebensmittel. Selbst ein Ofen fehlt nicht darin, der aber nicht durch Kohlen oder Holz geheizt werden soll, sondern durch ungelöschten Kalk und in den, sich auch ein Kochapparat befindet. In der Mitte des Korbbodens endlich ist eine Falltür angebracht, durch welche man auf einer Strickleiter in das darunter hängende Boot steigen kann. Dieses ist ein neuerfundenes Rettungsboot, 9½ m lang, gut 2 m breit und 1,3 m tief, und hat eine Decke von Kautschuk, unter welche die kühnen Reisenden sich flüchten können, wenn sie ihr Boot in das Meer hinablassen müssen. Zu diesem Zweck ist es auch mit einer Ericsonschen Wärmemaschine von vier Pferdekräften versehen, die, mit feinen Kohlen und Spiritus geheizt, das Boot ziemlich rasch durch die Meerflut treiben kann. Der Gebrauch von Feuer in Geräten an einem Ballon ist etwas ganz Neues, da bisher kein Luftschiffer dasselbe zu benutzen wagte, weil alle sich vor der Gefahr fürchteten, das Feuer könne sich dem Gas mitteilen und eine Explosion verursachen. Lowe hat dagegen das feste Vertrauen, ohne Gefahr Feuer in seinen, Ofen und seiner Maschine führen zu können.

Die wunderlichen Anhängsel, die man an dem Boote sieht, sind erstens ein Ruder, das aus einem 2½ m langen und vorn einem Meter breiten dünnen Holz besteht, und zweitens ein Treibrad von 2½ m im Durchmesser, das zur Leitung des Ballons dienen soll. Aus Fürsorge werden die Reisenden ein zweites ähnliches, aber kleineres Rad mit sich nehmen.

Das Boot soll durch die Lebensmittel und durch Wasser – genug für zehn Personen auf sechs Monate – die nötige Schwere erhalten. Für den Fall, dass es nötig würde, den Ballon abzuschneiden und sich in das Boot zu begeben, ist dieses auch mit einem Anker von 50 kg versehen.

Eine neue Vorrichtung will man benutzen, um die verschiedenen Luftströmungen zu prüfen. Es ist dies ein sehr langer Strick mit einem Bleigewicht am Ende und mit Flaggen an verschiedenen Punkten. Der Strick wird herunterhängen und die Richtung der Fähnchen daran die Richtung der Luftströmungen angeben, so dass die Reisenden diejenige Strömung zu wählen imstande sind, welche sie für die vorteilhafteste halten.

Um mit Schiffen oder Städten in Verbindung treten zu können, wird der Ballon hundert kleine Fallschirme und eben so viel Kautschuksäcke mit Briefen und Zeitungen mit sich nehmen und dieselben auf große Schiffe und auf Städte hinablassen, über die man

Lowes Ballon mit dem Rettungsschiff.

hinfährt. Dass es dem neuen Fahrzeug an den verschiedensten Instrumenten nicht fehlt, versteht sich von selbst, da mehrere Naturforscher die Reise mitzumachen und allerlei Experimente anzustellen gedenken.

Soviel man von den Regionen weiß, welche die kühnen Reisenden durchschiffen wollen, gibt es eine Luftströmung, die unveränderlich, in einer gewissen Höhe, von Westen nach Osten geht. Das Hauptbestreben wird also zunächst sein, diese Strömung zu erreichen und zu benutzen. Gelangen sie gleich im Anfang dahin und bleiben sie auf der ganzen Fahrt darin, so würden sie Spanien schon nach drei Tagen erreichen. Sollte die Luftströmung abweichen oder der Ballon aus derselben herausgetrieben werden, so gedenkt man entweder im Norden, in England oder Frankreich, oder im Süden, in Spanien, Portugal oder Afrika, zu landen.

Damit es der Reise auch an einer ausführlichen und getreuen Beschreibung nicht fehle, wird die Expedition ein New Yorker Journalist begleiten, und um nichts zu versäumen, was von dem Fortgang der Reise etwa Nachricht geben kann, nimmt man auch eine Anzahl Brieftauben mit, die mit Reiseberichten von Zeit zu Zeit losgelassen werden sollen.

Die Stube im Korb.

Es bleibt nur noch zu erwähnen, dass Carlincourt Lowe, der Unternehmer, ein junger Mann von siebenundzwanzig Jahren ist, der Chemie studierte und sich sehr bald der Luftschifffahrt widmete. Er hat bereits sechsunddreißig glückliche größere und kleinere Luftreisen gemacht, und die Vorbereitungen zu der Fahrt über den Ozean beschäftigen ihn seit länger als einem Jahre. Sein großer Ballon mit der ganzen fertigen Einrichtung ist gegenwärtig in New York ausgestellt, die Zeit der Abfahrt aber noch nicht fest bestimmt. ❐

Reklame von 1911.

Eine nächtliche Luftschifffahrt in Dresden

DAHEIM • 26.7.1884

Vom Feldschlösschengarten, dem ›Luftballon-Eldorado‹ der Dresdner, aus stieg am 30. Juni 1884 abermals eines der ›Vehikel der Zukunft‹ auf. Diesmal unterschied es sich schon in seiner äußeren Form wesentlich von den Luftschiffen, in welchen Godard, Securius u. a. von hier in die höheren Regionen stiegen. Von Nachmittag drei Uhr ab begann die Füllung des 850 m³ Gas haltenden ›Komet‹, welcher, aus gefirnisstem Seidenstoff bestehend, sich bald stattlich unter dem ihn umhüllenden Tau- und Netzwerk zu blähen begann. Fünfzehn Soldaten sorgten unter Anleitung des Luftschiffers G. Rodeck durch Anziehen des Netzes und Einhaken der Sandsäcke für eine möglichst gleichmäßige Verteilung des durch ein umsangreiches Rohr in die Mitte des Ballons einströmenden ›hebenden‹ Elements, bis das Füllungsexperiment beendet war und der ›Komet‹ in der Form eines gigantischen Zylinders sich den zahlreich erschienenen Zuschauern zeigte. Inzwischen war es Abend gegen halb zehn Uhr geworden und das Befestigen des Korbes an den Ballonreifen, an welche wieder die zahlreich herabhängenden Taue gebunden werden mussten, war, trotz vorgeschrittener Dunkelheit, schnell vonstattengegangen. Der Luftschiffer schwang sich in den Korb – ein kurzes Kommando: »los!« – und majestätisch stieg der ›Komet‹ empor, prächtig beleuchtet von den intensiv leuchtenden Strahlen des Mondes und begünstigt von ruhigem schönen Wetter.

In einer Höhe von 1840 m gelangte der Ballon infolge der nur äußerst schwach bewegten unteren Strömung zum vollständigen Stillstand, es gelang aber dem Luftschiffer, durch Ballastauswerfen eine günstigere Strömung in der Höhe von 2640 m, bei einer Temperatur von 2 ½° Kälte, zu erreichen. Der Ballon schlug einen nordöstlichen Kurs ein und landete schließlich nach nur einstündiger glücklicher Fahrt dicht neben einem Granitsteinbruche im Plauenschen Grunde, nahe bei dem Dorf Dölzschen. • *Paul Heydel*

Das neue Telefonsystem in Paris

Das Neue Universum • 1896

Obschon die Einführung des telefonischen Verkehrs im Großen erst vor etwa fünfzehn Jahren ins Werk gesetzt worden ist, so haben doch auf diesem Gebiete schon zahlreiche und durchgreifende Änderungen stattgefunden, und zwar besonders aus dem Grund, weil die Zahl der Teilnehmer an diesem Verkehr in kaum vorherzusehender Weise riesig angewachsen ist.

Anfänglich waren diese Anlagen auf eine geringe Zahl im engen Umkreise wohnhafter Abonnenten beschränkt, aber bald mussten die Leitungsnetze weiter und immer weiter nicht bloß in die Vorstädte und Vororte, sondern sogar viele Meilen weit von Stadt zu Stadt über das ganze Land ausgedehnt werden. Die Stationen mussten deshalb im gleichen Verhältnis ihre Einrichtungen vergrößern und auch ihre Zahl vermehren. Der Betrieb dieser Anlagen wurde dadurch ein immer verwickelterer und die betreffenden Verwaltungsbehörden sahen sich vor immer schwierigere Aufgaben gestellt, denn die Ansprüche des Publikums steigerten sich in einer Weise, dass dieselben selbst bei dem besten Willen jener Behörden nicht immer befriedigt werden konnten.

Die Zahl der Pariser Telefonstationen betrug bei der Übernahme durch den Staat im Jahr 1889 zwölf. Man hatte durch diese Verteilung die mittlere Länge der Leitungen beschränken wollen, es entstand dabei aber der Nachteil, dass die größte Zahl der telefonischen Gespräche durch zwei Stationen besorgt werden musste, welche dem Publikum am günstigsten lagen. Diese zwölf Stationen wurden deshalb auf vier beschränkt, da die Anlage einer großen Zentralstation wiederum nicht als zweckmäßig erschien. Mit diesen vier, an den verkehrsreichsten Orten der Stadt angelegten Stationen können 20 000 Abonnenten bedient werden.

Der Betrieb einer größeren, für mehrere Tausend Abonnenten eingerichteten Telefonanlage ist stets mit vielen Schwierigkeiten verknüpft. Um die folgenden Auseinandersetzungen möglichst zu vereinfachen, wird angenommen, dass die relativen Verbindungen mit einem gewöhnlichen Abonnenten sich im Umkreis der ihn bedienenden telefonischen Zentralstation befinden. Die doppelte Drahtleitung, welche vom Apparat des Abonnenten ausgeht, ist mit Guttapercha isoliert und mit Blei umhüllt; sie ist in den Kanal eingeführt, wo sie mit anderen Leitungen dieser Art parallel bis zu einer Verbindungsstelle geht, wo 7 Abonnenten in einem Leitungskabel durch 14 isolierte Drähte vereinigt sind. 7 ähnliche Kabel entsprechen also 49 Abonnenten, und diese werden wiederum nach einer Verbindungsstelle geführt, wo sich ein Kabel mit 104 Leitern (52 Leitungslinien) befindet. An dieser Verbindungsstelle ist die Einrichtung getroffen, dass die 49 Abonnenten mit

Abb. 1. Saal eines Pariser Telefonamts zur Bedienung von 6000 Abonnenten.

ihren einzelnen Leitungen unter sich verbunden werden können und außerdem noch 3 Reserveleitungen vorhanden sind, welche aushelfen müssen, wenn etwa ein Draht der 104 Leiter versagen sollte. Diese 104 Leiter gehen direkt in die Zentralstation. Die mittlere Länge der Kabel von 7 Abonnenten beträgt in Paris 2 km, für entferntere Abonnenten erreicht sie aber bis 6 km. Die mittlere Länge der Kabel für 49 Abonnenten, mit 104 Drähten, erstreckt sich auf 1600 m, im Maximum auf 4 km.

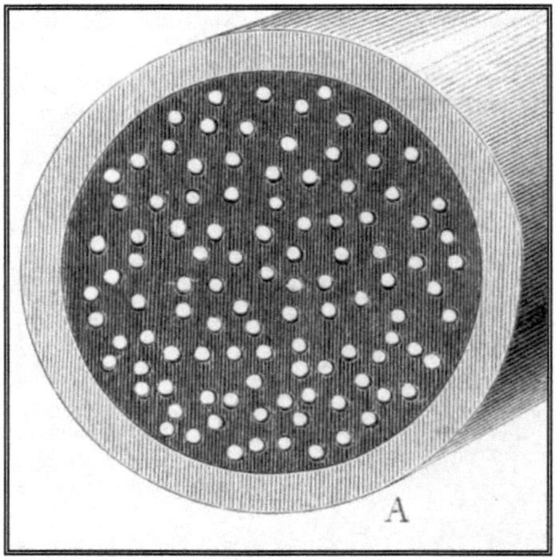

Abb. 2. 104 durch Papier isolierte Leiter.

Man sieht in *Abb. 2* bei ***A*** den Querschnitt eines Kabels mit 104 Leitern, welches mit einem Bleirohr von 3 mm Dicke umhüllt ist. Die Isolation der einzelnen Leiter besteht aus Papier, welches sich zu dem Zweck als billiges Material sehr gut bewährt hat. Jeder Leiter besteht aus einem Kupferdraht von 1 mm Dicke und ist mit zwei Papierbändern umwickelt, der erste Papierstreifen ist in sehr steilen Windungen angebracht, um den Durchgang der Luft zu erleichtern; der zweite Streifen ist enger gewickelt, um den ersten festzuhalten, welcher gewissermaßen eine Scheide um den Draht bildet, durch welche die Luft zirkuliert. Zwei Leiter sind in je 20 cm Entfernung zusammengewunden und dann verseilt, um einen regelmäßigen Zylinder zu bilden, hierauf werden die 52 Drahtpaare mit einem Bleirohr umhüllt, dessen äußerer Durchmesser 48 mm beträgt. Die Ausführung dieser Bleiumhüllung verdient eine besondere Betrachtung. Die Litze von 52 Paar Drähten wird in eine Bleipresse gebracht, welche in *Abb. 3* dargestellt ist. Dieselbe ist nach dem hydraulischen System eingerichtet und ihr Kolben wirkt auf einen zweiten Kolben, der sich in einem Zylinder bewegt, welcher zeitweise mit geschmolzenem Blei gefüllt wird. Die Schmelzung dieses Bleies erfolgt in einem zwischen den beiden Pressen dargestellten Schachtofen. Das in den Kolbenzylinder eingegossene Blei wird durch eine Anzahl Gasflammen auf der geeigneten Temperatur erhalten. Das Kabel wird hinter der Presse durch eine Düse von geeigneter Form eingeführt und geht vorn an der Presse mit Blei überzogen heraus. Bei einem Kolbenschub der Presse legt sich das Blei um das eingeführte Kabel. Die Temperatur des Bleis ist so bemessen, dass das um die Drähte gewundene Papier nicht verbrennt, daher befindet sich das Blei auch nicht in vollständig geschmolzenem, sondern nur in einem etwas breiartigen Zustand.

Wir kommen nunmehr auf das Kabelnetz und die Drähte der Zentralstation zu sprechen. Eine solche Station mit etwa 6000 Abonnenten hat ohne die Hilfslinien zur Verbindung der verschiedenen Zentralstationen 12 000 Dienstdrähte und 120 bis 180 Kabel zur Verfügung. In der Zentrale sind die Enden dieser Kabel von großen Kästen aus Eisenblech umschlossen, in denen sie aufruhen und gegen die Angriffe der Ratten geschützt

Abb. 3. Bleipresse zur Umhüllung der durch Papier isolierten telefonischen Drähte.

sind. In *Abb. 4* sind diese Kästen linker Hand dargestellt. Jedes Kabel geht in einen Anschlusskasten aus Gusseisen, wie bei Bund ***C*** in *Abb. 5* ersichtlich ist. Die 104 Drähte des Kabels werden voneinander getrennt und je einer mit einer Anschlussklemme verbunden. Diese Klemmen sind an der aus isolierendem Material, etwa Schiefer, bestehenden Vorderwand des Kastens angebracht. An diese Klemmen sind demnach zwei Kabel von je 52 Drähten angeschlossen, und es können damit 25 Abonnenten bedient werden, indem 2 Drähte als Reserve zu benutzen sind. Diese Drähte gehen aus den Anschlusskästen heraus, wie *Abb. 5* zeigt, und sind nach dem in *Abb. 6* dargestellten Verteilungsapparat geführt. Dieser Verteilungsapparat besteht aus einem großen Gestell und er dient dazu, irgendeinen der 6000 Doppelleiter mit irgendeiner der 6000 Nummern des Büros in direkte Verbindung zu setzen.

Der Zweck dieser Einrichtung ist leicht begreiflich. Jeder Abonnent erhält seine bestimmte Nummer, die er auch beibehält, wenn er seine Wohnung verändert, vorausgesetzt, dass diese Wohnung im Bereiche der Zentralstation liegt. Diese Nummer entspricht derjenigen des Tableaus, welche unverändert an ihrer Stelle verbleibt. Es ist aber schon erwähnt worden, dass zwischen jedem Abonnenten und dem Büro mehrfache Verbindungen eingeschaltet sind, welche gestatten, irgendeine Abteilung einer fehlerhaft gewordenen Leitungslinie durch eine andere zu ersetzen und im besonderen Fall die Reserveleitungen des aus 104 Leitern bestehenden Kabels zu benutzen. Der Verteilungsapparat hat also den Zweck, diese Veränderungen der Kabel ohne Veränderungen der feststehenden Nummern und der Verbindung mit der entsprechenden Nummer am Tableau der Zentralstation vornehmen zu können.

Die Verbindung zwischen einem Kabel und irgendeinem vom Büro kommenden Draht ist sehr einfach auszuführen, indem man durch einen doppelten Draht die beiden Paar Klemmen einer vertikalen Schiene (der Leitungslinie) und einer horizontalen Schiene (dem Büro) zu vereinigen hat.

Es ist nun nachzuweisen, wie die mit so vielen Zahlen versehenen Tableaus der Zentrale es ermöglichen, die Abonnenten nach Erfordernis miteinander in Verbindung zu bringen. Es würde hier zu weit führen, wenn wir alle Verbindungsweisen und Verbindungsmittel, deren sich die Telefonzentralen zu diesem Zwecke bedienen, im Einzelnen beschreiben wollten. Wir beabsichtigen nur, auf die Schwierigkeiten hinzuweisen, die hierbei zu überwinden sind, und die Grundzüge der im Gebrauch

Abb. 4. Vereinigung der 104 Leitungen umfassenden Kabel in den Kellern des Telefongebäudes.

Abb. 5. B: Kabelspitze, die 104 Leitungen aufnehmend. C: Rückansicht und Durchschnitt einer Kabelspitze, die Ankunft der 104 Leitungen des Straßenkabels zeigend.

befindlichen bezüglichen Einrichtungen darzulegen. Die Anordnung des Tableaus ist so getroffen, dass jede Telefonistin sich direkt mit irgendeinem der 6000 Abonnenten in Verbindung setzen kann, ohne dass sie ihren Platz zu verlassen braucht.

Zu dem Zweck sind alle Abonnenten des Netzes durch die ihnen zukommenden Nummern in Gruppen von je 240 geteilt, welche sich in ihrer Anordnung stets wiederholen. Die *Abb. 7* gibt die äußere Ansicht einer dieser Gruppen, während *Abb. 1* die Gesamtheit der Gruppen in einem Saal des Pariser Telefonamts zeigt.

So umfasst z. B. die Gruppe 1 die Abonnenten 1 bis 240. Diese Gruppe wird von drei Telefonistinnen bedient, von denen jede 80 Anmelder und 80 Schnüre vor sich hat, welche zur Verbindung mit 80 Abonnenten dienen. An jeder dieser Schnüre befindet sich ein konischer Zapfen, der als Stöpsel bezeichnet wird und der in eines der 6000 Löcher eingesteckt werden kann, die sich vor jeder Gruppe der drei Telefonistinnen in sechs Reihen zu je tausend angebracht befinden, so dass in Wirklichkeit jede Telefonistin nur 2000 Nummern direkt unter ihren Händen hat, aber die Schnüre sind so lang und die Abmessungen jeder Gruppe sind so getroffen, dass jede Telefonistin mit ausgestrecktem Arm und nötigenfalls im Aufstehen alle Verbindungsstellen für die 6000 Abonnenten der Zentralstation erreichen kann.

Hieraus ergibt sich, dass jede der drei zu einer Gruppe vereinigten Telefonistinnen stets nur von 80 bestimmten Abonnenten angerufen werden kann, dass sie aber die Möglichkeit hat, jeden dieser 80 mit den übrigen 5999 anderen Abonnenten derselben Zentrale zu verbinden. Wenn die Telefonistin ihren Platz in der Mitte der Gruppe hat, so kann sie rechts und links die Verbindungen ihrer eigenen Gruppe benutzen; hat sie aber ihren Platz rechts in der Gruppe, so benutzt sie die Nummern zwischen 2000 und 6000 ihrer eigenen Gruppe und die Nummern zwischen 1 und 2000 in der folgenden Gruppe. Für die am Ende des Tableaus links in der Gruppe sitzende Telefonistin ist deshalb noch ein besonderes Schaltbrett mit den Nummern 4000 bis 6000 zur linken Hand und für die am anderen Ende des Tableaus rechts sitzende Telefonistin ein besonderes Schaltbrett mit den Nummern 1 bis 2000 rechter Hand anzubringen, damit auch diese beiden Beamtinnen alle 6000 Abonnenten bedienen können. Im vorliegenden Fall sind 23 solcher Gruppen am Tableau der Zentralstation vorhanden, wie dies aus dem Titelbild ersichtlich ist.

Die Doppelleitung jedes Abonnenten ist demnach in diesen 23 Gruppen eingeführt und kann mit dem Anmelder seiner Nummer in jeder Gruppe in Verbindung gesetzt werden. Durch die Einführung des erwähnten Stöpsels in eine der Abteilungen wird die Leitung des Abonnenten angeschlossen, so dass derselbe mit jedem anderen der 6000 Abonnenten in jeder Gruppe zu verbinden ist. Hieraus folgt, dass die Linie an 23 verschiedenen Stellen unterbrochen werden kann und dass für die Stellung der Ruhe oder des Abwartens eines Abonnenten 23 Kontakte in den Stromkreis hintereinander, das ist auf Spannung, eingeschaltet werden müssen. Ein einziger schlechter Kontakt ist daher ausreichend, um die ganze Linie

Abb. 6. Verteilungstableau der telefonischen Kabel.

außer Betrieb zu setzen. Dies ist ein Hauptübelstand bei einer derartigen Einrichtung, die aber im allgemeinen sehr zweckmäßig ist.

Es wurde oben schon bemerkt, dass jeder Abonnent immer dieselbe Telefonistin anruft und dass diese ihn mit allen übrigen 6000 Abonnenten in Verbindung setzen kann. Diese Verbindung ist aber zu unterbrechen, sobald das Gespräch beendet ist.

Bei der vorliegenden Einrichtung wird die angerufene Telefonistin allein von der Beendigung des Gesprächs unterrichtet, indem ein besonderer Anzeiger durch das Einstecken des Stöpsels, der zur Verbindung zweier Abonnenten dient, mit eingeschaltet wird. Sobald die beiden Abonnenten ihre Telefone wieder anhängen und somit den Strom in die Leitung senden, fällt der Anzeiger herab und die Telefonistin unterbricht auf dieses Anzeichen die Verbindung durch Herausziehen des Stöpsels und macht die beiden Linien wieder frei.

Die Verbindung zweier Abonnenten wird daher nur von der Telefonistin des Anrufenden, niemals aber von derjenigen des Angerufenen hergestellt, so dass die Leitung schon besetzt sein kann, ohne dass die angerufene Telefonistin davon benachrichtigt ist.

Jede Telefonistin muss deshalb ein Mittel an der Hand haben, um sich in jedem Augenblick davon überzeugen zu können, ob die Leitung eines der 6000 Abonnenten bereits mit einem anderen dieser Abonnenten verbunden, das heißt, ob diese Leitung frei oder besetzt ist.

Die Auskunft hierüber wird sehr einfach mittels des Probierschlüssels erhalten, und zwar beruht diese Probe auf dem folgenden Prinzip: Wenn eine Leitung frei ist, so ist sie vom Erdboden isoliert und bildet für sich einen geschlossenen metallenen Stromkreis, der ohne jede Berührung mit dem Erdboden oder irgendeiner Quelle elektromotorischer Kraft ist. Unter diesen Umständen wird bei der Berührung irgendeines Punktes dieser Leitung durch einen mit der Erde und mit einem Telefon verbundenen Schlüssel dieses Telefon schweigsam bleiben, weil durch die Berührung der isolierten Leitung kein elektrischer

Abb. 7. Gruppe von 240 Abonnenten, die von drei Telefonistinnen bedient werden, welche die gesamten 6000 Abonnenten des Netzes direkt anrufen können.

Strom auf das Telefon einwirken wird. Sobald also die Leitung frei ist, wird das Telefon keinen Laut hören lassen. Ist dagegen die Leitung besetzt und infolgedessen durch einen in das Tableau eingesteckten Stöpsel mit dem Erdboden in Verbindung gebracht, wobei durch Einschalten einer galvanischen Batterie ein elektrischer Strom durch diese Leitung geht, so wird bei dem Einstecken des Probierschlüssels das Telefon ein knatterndes eigentümliches Geräusch hören lassen.

Bei dem telefonischen Apparat der Zentralstation sind die mikrofonischen Überträger an zwei biegsamen Schnüren aufgehängt, welche als Leitungen dienen. Diese Schnüre gehen über Rollen, die oberhalb am Gesims des Tableaus angebracht sind, wie dies aus *Abb. 7* ersichtlich ist. Durch Gegengewichte wird das Mikrofon in jeder ihm durch Ziehen an diesen Schnüren gegebenen Stellung erhalten, so dass die Telefonistin sehr rasch das Mikrofon in die ihr bequemste Höhe einstellen kann, denn sie muss alsdann beide Hände freihaben, um nach rechts oder links die verlangte Verbindung herstellen zu können. Diese Mikrofone sind so empfindlich, dass die Telefonistin nur mit halblauter Stimme hineinzusprechen braucht, so dass ihre Nachbarinnen dadurch in ihrer Beschäftigung nicht gestört werden. Die telefonischen Überträger sind so eingerichtet, dass sie vor den beiden Ohren zu befestigen sind. Das Gewicht des Apparates beträgt höchstens 150 g.

Außerdem sind noch Einrichtungen getroffen, um die Abonnenten einer telefonischen Zentrale mit den Abonnenten einer anderen telefonischen Zentrale der Stadt zu verbinden. Bei der Beschreibung der abgebildeten Zentrale wurde bemerkt, dass für die 6000 Abonnenten ein Tableau mit 23 Abteilungen vorhanden ist, wobei 240 Abonnenten auf die Abteilung kommen, was somit im ganzen der Zahl von 5520 Abonnenten entspricht, während das ganze Tableau mit 6000 Löchern versehen ist. Die 480 übrigen Löcher sind für die Hilfsleitungen bestimmt, durch welche die verschiedenen Zentralen oder Telefonämter untereinander verbunden werden können, um die erwähnten Zwischendienste zu verrichten.

Schließlich sind noch die Vorstadts-, Vororts- und die von einer Stadt nach der anderen führenden telefonischen Verbindungen zu erwähnen. Die Verbindungen von Stadt zu Stadt bilden betreffs der Zahl der Abonnenten ein weniger ausgedehntes Netz und sie sind in Paris in einem besondern Telefonamt untergebracht. Die Einrichtung ist der beschriebenen ähnlich, das Tableau ist aber bedeutend kleiner.

Aus diesen Mitteilungen wird man sich eine Vorstellung davon machen können, welche große Anzahl von Drähten für die Einrichtung eines Telefonapparats für 6000 Abonnenten notwendig ist. Für jeden einzelnen dieser Abonnenten sind über 100 Drähte vorhanden, außer den Hilfsleitungen, Vororts- und zwischenstädtischen Verbindungen. Zählt man diese mit ein, so erhält man insgesamt über eine Million einzelner Drahtleitungen. Über etwa zeitweise eintretende Störungen darf sich daher das Publikum nicht wundern, vielmehr ist es zu bewundern, dass bei einer derartigen Anlage nicht mehr Störungen eintreten, als dies bei einer guten Organisation der Fall ist. In dieser Beziehung ist aber die Organisation der deutschen Reichs-Telefonämter allen übrigen Staaten voraus und ihre Einrichtungen sind als mustergültig allgemein anerkannt. ❐

Schnellbahn und Straßenkörper

Ein Beitrag zur Schnellverkehrs-Frage vom Königlichen Regierungsbaumeister A. Eggert

VERKEHRSTECHNISCHE WOCHE • 7.8.1909

Von den für großstädtischen Schnellverkehr in Betracht kommenden Bahnsystemen, die durch die Anlage eines vom Straßenkörper gesonderten Bahnkörpers einerseits die Erhöhung der Leistungsfähigkeit der Bahnanlage gegenüber der seitherigen Straßenbahn, andererseits eine im Interesse der allgemeinen Verkehrssicherheit liegende Entlastung der Straßen erstreben, hat bisher die Untergrundbahn die häufigere Anwendung erfahren. Obwohl die Hoch- oder Standbahnen und die Schwebebahnen im allgemeinen billiger herzustellen sind, so sind doch die den Untergrundbahnen innewohnenden Vorteile, dass sich diese Verkehrsadern ohne Beeinträchtigung des Straßen-Verkehrs und des Wertes der anliegenden Grundstücke in den Stadtkörper einfügen lassen, von ausschlaggebender Bedeutung gewesen. Selbst bei ungünstigen Boden- und Grundwasser-Verhältnissen, wie sie z. B. in Berlin und Hamburg vorliegen, sind die dadurch bedingten sehr bedeutenden Anlage-Kosten der Untergrund-Bahn in den Kauf genommen worden.

Als Erfordernis einer großzügigen, für die Zukunft sorgenden großstädtischen Verkehrspolitik muss es bezeichnet werden, dass bei Anlage von Schnellverkehrslinien auch außerhalb des jetzigen städtischen Weichbildes auf eine Trennung des Bahn-Verkehrs vom Straßen-Verkehr von vornherein Bedacht genommen wird. Denn bei einer unter dem Einfluss der Schnellverkehrs-Mittel voraussichtlich rascher als bisher zunehmenden Ausdehnung des Weichbildes, die im Interesse der Verbesserung der großstädtischen Wohnverhältnisse durchaus zu wünschen ist, würden sonst bald für die Vororte die gleichen Verkehrs-Schwierigkeiten und Hindernisse in die Erscheinung treten, die innerhalb des jetzigen Verkehrs-Mittelpunktes mit großen Kosten zu beseitigen erstrebt wird. Auch die von einem Schnellverkehrs-Mittel zu fordernde Leistungsfähigkeit der Bahnanlage nötigt zu einer Trennung des Schienenweges vom Straßenkörper. Im allgemeinen wurde bisher im unbebauten Gelände die Trennung der Verkehrswege durch Hochlegung der Bahn herbeigeführt, wobei die Möglichkeit gegeben war, später etwa hinzutretende Straßen unter dem Bahnkörper durchzuführen. Die Hochlegung der Bahn pflegt bei nicht zu teuren Bodenpreisen durch Anschüttung eines Dammes für den Bahnkörper bewirkt zu werden; nur in teurem Gelände bzw. da, wo auf Bebauung unmittelbar Rücksicht genommen werden muss, wird die Anlage eines Viaduktes in Betracht gezogen. Die Hochlegung der Bahn war bei den Dampfbahnen nach Lage der Verhältnisse gegeben, da bei diesen die unterirdische Führung wegen der Rauchbelästigung untunlich war. Erst seit Anwendung des elektrischen Betriebs ist die Tieflegung der Bahn in größerem Umfang infrage gekommen. Bei Trassierung einer Bahnlinie im freien, unbebauten Gelände, für das eine spätere Bebauung infrage kommt, würde nun allerdings die Anlage einer Untergrundbahn im jetzigen Sinne zu hohe Kosten verursachen, die die Wirtschaftlichkeit des Unternehmens in vielen Fällen infrage stellen würden. Der durch die Untergrundbahn erstrebte Vorteil ließe sich bei wesentlich geringeren Anlagekosten auch erreichen durch folgende Bauart:

Anlage der Schnellbahn als Flachbahn nach dem für solche geltenden Grundsatz möglichster Anpassung an das Gelände und überbau des Bahnkörpers mittels eines Straßenkörpers, der durch eine auf Säulen ruhende Decken-Konstruktion gebildet wird. *Abb. 1* veranschaulicht das System einer derartigen Anlage. Auf diese Weise entsteht eine Unterpflasterbahn, die gegenüber den bisherigen den Vorteil hat, dass sie oberirdisch angelegt ist, also bedeutend billiger herzustellen ist.

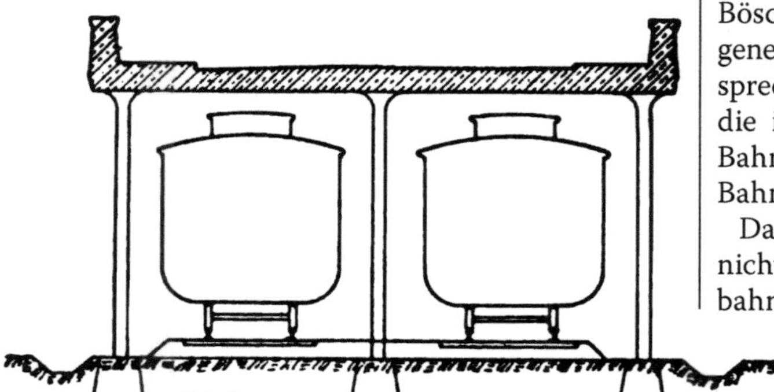

Abb. 1

Bei Führung der Bahnlinie im Zuge einer bestehenden Landstraße würde nach diesem Vorschlag zur Erzielung eines besonderen Bahnkörpers nicht die Bahn, sondern die Straße hochgelegt werden; es würde in diesem Fall der ganze Grund und Boden der Straße für die Bahnanlage ausgenutzt werden, ohne dass der Straßenverkehr eine Beeinträchtigung erfährt. Die hochgelegte Straße würde mit den sie kreuzenden Straßen und Wegen durch Rampen verbunden, wodurch jede Kreuzung von Bahn und Straße in Schienenhöhe grundsätzlich vermieden wäre.

Ist die Bahnlinie nicht im Zug einer bestehenden Straße, sondern mit eigenem Bahnkörper im freien Gelände geplant, so würde nach der vorgeschlagenen Bauart zugleich mit der Bahn eine neue Straße geschaffen werden, die in der gleichen Weise durch Rampen mit den benachbarten verbunden würde, so dass ein ungehinderter Straßenverkehr in der Längs- und Querrichtung der Bahn stattfinden könnte.

Bei dem heutigen Stand der Eisenbetontechnik lassen sich derartige Decken-Konstruktionen verhältnismäßig billig herstellen. Der Vergleich der Anlage-Kosten mit denen eines gewöhnlichen Damms wird für gewöhnlich wegen der Ersparung des Grund-Erwerbes für die Böschungen zugunsten der vorgeschlagenen Lösung ausfallen. Im Übrigen sprechen für diese die gleichen Gründe, die im Stadtinneren den Untergrund-Bahnen den Vorzug vor den übrigen Bahnarten eingetragen haben.

Das durchschnittene Gelände wird nicht entwertet, wie dies beim Eisenbahndamm oder auch bei der auf einem Viadukt geführten Hoch- oder Schwebebahn naturgemäß der Fall sein muss, sondern es erfährt

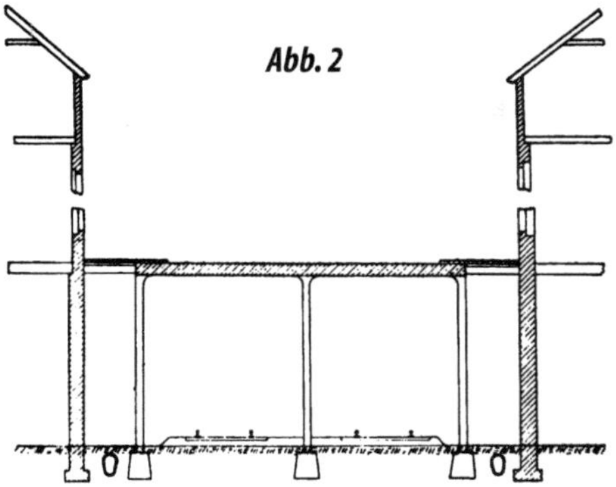
Abb. 2

im Gegenteil durch die Lage an der neuen Kunststraße einen Wertzuwachs. Die Bebauung an der hochgelegenen Straße, die, wie bereits erwähnt, mit den tieferliegenden durch Rampen verbunden wird, ist ohne weiteres möglich. Nur müssen die Höfe und etwaigen Vorplätze dieser Gebäude auf die gleiche Höhe mit der Straßenkrone gebracht werden, was zweckmäßig ebenfalls durch eine Decken-Konstruktion geschieht. *Abb. 2* zeigt den schematischen Querschnitt durch eine beiderseits bebaute Kunststraße. Selbstverständlich ist es möglich, die Bauflucht beliebig weit von der Bahnlinie abzurücken; auch lassen sich Vorgärten anordnen. Die unter der Decken-Konstruktion der Höfe liegenden Räume würden etwa an die Stelle der sonstigen Keller treten.

Derartig angelegte Verkehrsadern lassen sich ohne jede Behinderung des Verkehrs und der Anbaumöglichkeit genau wie die Unterpflaster-Bahnen in den Stadterweiterungsplan einfügen und haben dabei gegenüber den letzteren den Vorzug der Billigkeit.

Ein weiterer verkehrstechnischer Vorteil dieser Anlage wäre darin zu erblicken, dass die gleichzeitig mit den Schnellbahnlinien neu erstehenden Kunststraßen in erster Linie dem Automobil-Verkehr nutzbar gemacht werden könnten, der seinerseits die der Schnellbahn zugewiesenen Verkehrs-Aufgaben wirksam unterstützen und ergänzen könnte. Da die Bahnhöfe der Schnellbahn im Interesse der Erzielung hoher Fahrgeschwindigkeiten möglichst weit auseinanderliegend anzuordnen sind, so könnte zweckmäßig der Verkehr nach den zwischenliegenden und den seitwärts der Bahnlinie liegenden Orten durch Automobile vermittelt werden, die der Bahn als Zubringer dienen und auf den ausschließlich oder vorwiegend für sie bestimmten Kunststraßen in gefahrloser Weise ihre volle Fahrgeschwindigkeit erzielen können.

In *Abb. 3* ist der Querschnitt durch eine Haltestelle dargestellt. Die beiderseits der Bahn liegenden Bahnsteige sind durch Treppen von der oberen Kunststraße aus zugänglich. Auf der letzteren wäre etwa der Halteplatz von Automobilen zu denken.

Durch die Anordnung mehrerer vorstehend beschriebener Verkehrsadern, die vom Herzen der Großstadt strahlenförmig auslaufen, würde der im angedeuteten Sinne zu organisierende Schnellverkehr die Möglichkeit bieten, ein weit ausgedehntes Gebiet einer landhausmäßigen Bebauung im Sinne der modernen Gartenstadt zu erschließen. ❒

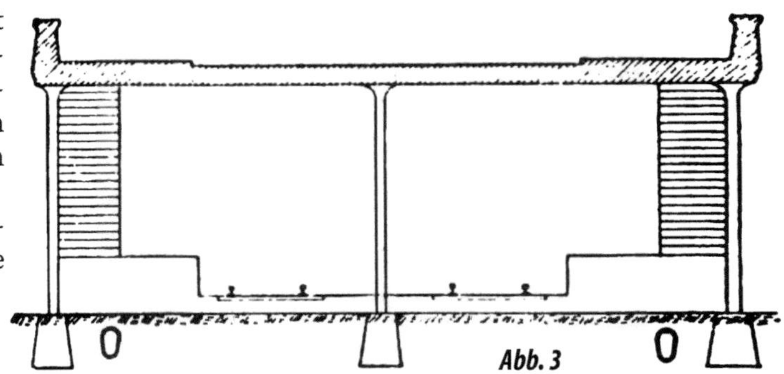
Abb. 3

Das Eisenbahnunglück auf dem Bahnhof Montparnasse in Paris

Das Neue Universum • 1896

Unter den Eisenbahnunglücken der neuesten Zeit ist das am 22. Oktober 1895 auf dem Bahnhof Montparnasse zu Paris vorgefallene eines der merkwürdigsten, zugleich aber auch der am glücklichsten verlaufenen. Der betreffende Bahnhof, eigentlich Westbahnhof geheißen, aber im Volksmund nach dem benachbarten Kirchhof Montparnasse benannt, liegt im südwestlichen Teil Von Paris an der *Place de Rennes.* Die Bahnstrecke innerhalb der Stadt, die selbstverständlich Hochbahn ist, hat eine Länge von 2 km. Der auf 8 Uhr 55 Minuten nachmittags von Granville fällige Schnellzug hatte Verspätung, die bei Ankunft auf der Pariser Gürtelstation (in der Nähe der Stadtumwallung) immer noch 7 Minuten betrug. Um diese Zeit nach Möglichkeit noch einzuholen, durchfuhr der Maschinist die städtische Strecke mit ungewöhnlicher Geschwindigkeit. In die Nähe der Station Montparnasse angekommen, zog er die Westinghousebremse an, die aber versagte. Glücklicherweise funktionierte die Bremse des Güterwagens, während der Maschinist Gegendampf gab. Die Geschwindigkeit des Zuges, bzw. dessen Kraft, war jedoch noch groß genug, die am Ende des Geleises angebrachten Prellböcke wegzufegen und die Mauer des Stationsgebäudes zu durchbrechen. Damit muss aber die Kraft des Zuges paralysiert gewesen sein; wäre dies nicht der Fall, würde die auf die Straße herabgestürzte Lokomotive eine mehr geneigte Lage angenommen haben und der Tender hätte sich nicht vertikal auf die Lokomotive stellen können.

Beim Durchbrechen der Bahnhofswand ging gerade eine Zeitungsträgerin vorbei, die durch einen herabstürzenden Steinblock getötet wurde. Dies war aber auch das einzige Opfer. Die Reisenden

Das Innere des Bahnhofs nach dem Unfall.

und das Zugpersonal kamen mit dem Schreck und einigen leichten Verletzungen davon. Unter Umständen hätte der Vorfall aber die furchtbarsten Folgen haben können. Unsere erste Abbildung zeigt die Lage, welche Lokomotive und Tender nach erfolgtem Sturz einnahmen, während die zweite Abbildung die Art und Weise erkennen lässt, wie sich die Wirkung des Stoßes auf den Vorderteil des Zuges geltend machte.

Die bei dieser Gelegenheit gemachte Erfahrung, dass Prellvorrichtungen der Kraft ganzer Eisenbahnzüge keinen Widerstand leisten können, hat die Notwendigkeit der Veränderung, bzw. Verbesserung, dieser Vorrichtungen dargetan. Einen der nach dieser Richtung hin gemachten Vorschläge wollen wir erwähnen, da er uns sehr praktisch erscheint. Dieser Vorschlag geht dahin, die Prellpuffer nach Analogie der Rücklaufshemmvorrichtungen für schwere Schiffsgeschütze mit einer hydraulischen Bremse zu versehen, die imstande sei, einen mit einer Geschwindigkeit von 15 – 16 km/h fahrenden Zug von 250 t Gewicht aufzuhalten. Da solche Bremsen auf Schiffen eine Widerstandsfähigkeit bis zu 400 mt bei nur 80 cm Kolbengang entwickeln, so glaubt man bei Ausdehnung des Kolbenweges auf 5 – 6 m leicht den betreffenden Zweck erreichen zu können. ❐

Die elektrische Lokomotive von Heilmann

PROMETHEUS • 26.5.1897

Im Laufe des Jahres 1894 hat die französische Westbahn-Gesellschaft mehrere Versuchsfahrten auf verschiedenen Bahnstrecken mit einer Heilmannschen elektrischen Lokomotive von 769 PS mit so günstigem Erfolg ausgeführt, dass daraufhin die Bahngesellschaft sich entschloss, zwei stärkere und nach den gewonnenen Erfahrungen verbesserte Lokomotiven dieses Systems bauen zu lassen, welche zur Beförderung der regelmäßigen Schnellzüge dienen sollen und, deren Probefahrten in nächster Zeit stattfinden werden. Diese in unseren Abbildungen dargestellte Lokomotive trägt einen gewöhnlichen Lokomotivkessel, welcher zwei dreizylindrige, stehende Verbundmaschinen, deren jede eine auf den Enden der Dampfmaschinenwelle sitzende Dynamomaschine treibt, mit Dampf versorgt. Die beiden Dynamomaschinen liefern den elektrischen Strom zum Betrieb der 8 mit je einer der 8 Treibachsen verbundenen Elektromotoren. Kessel und Maschinen sind auf einer Plattform montiert, die auf zwei langen, durch Querträger verbundenen Hauptträgern ruht. Zwei der Querträger dienen als Auflager auf den beiden vierachsigen Drehgestellen, die in ihrer Mitte einen senkrechten Drehzapfen tragen, über welche die beiden Querträger des Übergestells mit ihren Lagern greifen. Die Elektromotoren sind ohne Zwischenlage von Federn an den Treibachsen befestigt, welche mit den Stromerzeugern durch eine veränderliche Räderübersetzung in Verbindung stehen. Durch letztere Einrichtung wird die Erreichung einer beliebigen Fahrgeschwindigkeit bei entsprechender Erhöhung der Zugkraft ermöglicht und eine ruhige, regelmäßige Achsendrehung gesichert.

Abb. 1. Ansicht

Der Lokomotivkessel enthält 351 Stück 45 mm weite Siederohre von 3,8 m Länge und ist auf einen zulässigen Dampfdruck von 14 Atmosphären eingerichtet. Die Rostfläche ist 3,34 m², die gesamte Heizfläche 185,47 m² groß. Das Speisewasser befindet sich in Kästen an den beiden Längsseiten des Kessels.

Die erste Versuchslokomotive hatte liegende Dampfzylinder; man hat jetzt stehende Maschinen gewählt, weil sie einen freien Verkehr in dem die Lokomotive von vorn bis zum Führerstand vor der Feuerbüchse des Dampfkessels überdachenden Maschinenhaus gewähren. Beide Maschinen wirken gemeinschaftlich auf die Kurbelwelle, an deren Enden die beiden sechspoligen Dynamomaschinen sitzen, jede der letzteren kann etwa 1000 A unter einer Spannung von 455 V liefern, ist aber vorübergehend zu einer doppelten Leistung befähigt. Die Kurbeln haben Versetzungswinkel von 120°. 400 Umdrehungen bilden die normale Geschwindigkeit, doch können mittelst eines Geschwindigkeitsreglers nach Art eines Zentrifugalregulators Abstufungen von 100 bis 450 Umdrehungen in der Minute eingestellt werden. Die Hochdruckzylinder haben 300 mm, die Niederdruckzylinder 480 mm Durchmesser, der Kolbenhub beträgt 400 mm.

Neben dem hinteren Betriebsdynamo ist noch eine kleine einfache Dampfmaschine von 28 PS zum Betrieb einer vierpoligen Erregerdynamomaschine aufgestellt, welche einen Strom von 140 A und 115 V liefert. Beide Maschinen sind direkt gekuppelt. Der Erregerdynamo dient zugleich zur Zugbeleuchtung. Bei normaler Geschwindigkeit macht sie 550 Umdrehungen.

Die Anker der vierpoligen Elektromotoren der Treibachsen sind auf einer hohlen Welle, welche die Treibachsen mit weitem Spielraum umhüllt und am Drehgestell befestigt ist, angebracht. Durch Mitnehmer wird die Drehung von der hohlen Betriebswelle auf die Achse übertragen. Diese Anordnung ist getroffen worden, um die schädlichen Wirkungen der harten Stöße bei großen Fahrgeschwindigkeiten auf den Kollektor und die Isolierungen zu vermeiden. Für gewöhnlich sind die acht Elektromotoren hinter einander geschaltet, wird aber bei geringer Geschwindigkeit eine große Zugleistung verlangt, so schaltet man sie in zwei Gruppen zu vier.

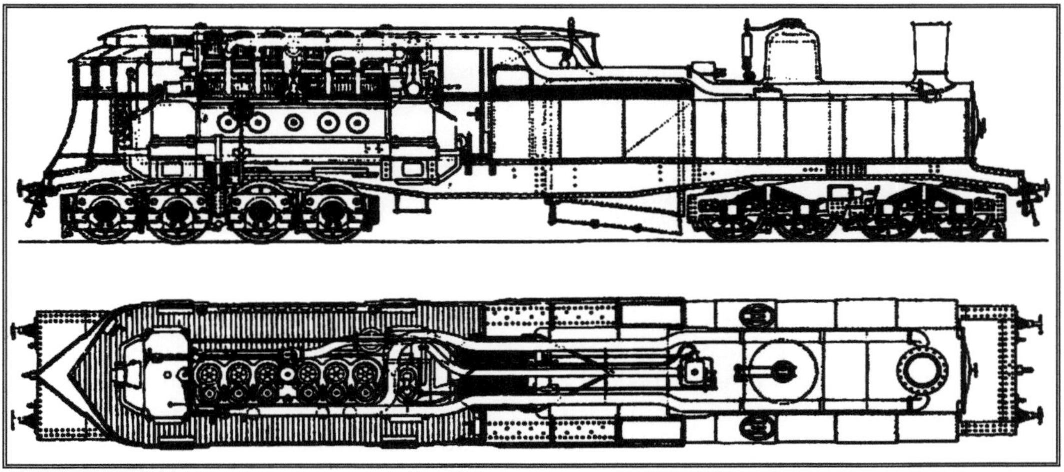

Abb. 2. Aufriss und Grundriss

Zur Änderung der Fahrtrichtung dient ein Umschalter, der die Stromrichtung umkehrt. Jeder der acht Elektromotoren ist für eine Leistung von 125 PS bei 100 km/h Fahrgeschwindigkeit befähigt, der eine Zugkraft am Radkranz von 340 kg entspricht. Die Treibräder haben 1,16 m Durchmesser. Erwähnt sei noch, dass das Drehgestell der Lokomotive, auf welcher die Dampfmaschinen stehen, also in der *Abb. 2* links, in der Fahrt vorne ist, zur Verminderung des Luft Widerstandes ist deshalb das Maschinenhaus hier keilförmig gestaltet.

Die Gesamtlänge der Lokomotive über die Puffer beträgt 18,59 m, der Abstand von Mitte zu Mitte der äußeren Achsen 15,4 m, der Radstand eines Drehgestelles 4,10 m, von Mitte zu Mitte der Drehzapfen beider Drehgestelle 11,3 m. Die Dampfmaschinen sind für eine Leistung von 1350 PS berechnet, von denen eine Nutzwirkung von 90 %, die gleiche Nutzwirkung von den Elektromotoren, von den Antriebdynamos dagegen eine solche von 95 % erwartet wird. Werden 2 % Verlust in den Leitungen angenommen, so wurde sich eine Gesamtwirkung von 75,4 % ergeben, welche einer Nutzleistung von 1000 PS an den Radkränzen der Triebräder entsprechen würde. Dann würde die Lokomotive bei einer Fahrgeschwindigkeit von 100 km/h eine Zugkraft von 355 t auf ebener Strecke besitzen, so dass sich eine Nutzwirkung von 47,1 % zwischen der mechanischen Zugleistung und der in den Dampfzylindern entwickelten Pferdekraft ergibt. Der Wirkungsgrad der Lokomotive ist verschieden, je nach der Fahrgeschwindigkeit, dem Gewicht der Lokomotive und dem ihres angehängten Tenders und der Streckenneigung. Wird das Durchschnittsgewicht der Lokomotive zu 115 t, das des Tenders zu 17 t und der Zugwiderstand beider bei 100 km/h Geschwindigkeit nach den bisherigen Erfahrungen zu 7 kg auf die Tonne angenommen, so erfordert die Fortbewegung beider eine Zugkraft von 132,7 = 924 kg; da die ganze Zugkraft der Maschine auf ebener Strecke bei 100 km/h 2700 kg am Radumfang beträgt, so bleiben noch 1776 kg für die Fahrzeuge des Zuges verfügbar. Da bei denselben, Drehgestellwagen vorausgesetzt, der Zugwiderstand 5 kg auf die Tonne beträgt, so würde die Lokomotive 1776 / 5 = 355 t ziehen.

Ein Vergleich der Heilmannschen mit einer gewöhnlichen Dampflokomotive, deren Nutzwirkung zu 42 – 43 % angenommen werden kann, fallt zugunsten der ersteren aus, da sie einen größeren Nutzeffekt besitzt und sich durch geringeren Kohlenverbrauch auszeichnet. Ob sie aber im Stande sein wird, die Dampflokomotive zu verdrängen, das wird wohl von ihren Beschaffungs-, Betriebs- und Unterhaltungskosten abhängen, über welche noch die Erfahrungen fehlen. ❐

Reklame von 1911.

Ein neuer Motor

Die Gartenlaube • 1888

Seit einigen Monaten bewegt sich in Cannstatt an manchen Tagen während der Mittagszeit auf einem eigens gelegten schmalspurigen Schienengleis ein lustiger Wagen, in dem sich mehrere Personen fahren lassen. Das Auffällige an dieser Beförderung nach Pferdebahnmanier ist, dass weder Pferde dabei benutzt werden, noch eine sichtbare Maschine oder die dazu schon mehrfach verwandte elektrische Kraft sie bewirkt. Man sieht für den Betrieb dieses Gefährtes, das zunächst probeweise in Dienst gestellt ist, nur einen Schaffner und bei ihm einen kleinen Kasten, der im Dreitakt ein klapperndes Ticke-Tacke hervorbringt. Hält der Wagen nach flotter Fahrt am Ziel, um an demselben Tage nicht weiter benutzt zu werden, so trägt der Schaffner jenen Kasten davon und mit ihm die ganze Maschine, welche den Wagen bewegt hat, als zöge ihn ein munteres Pferdchen.

Von Zeit zu Zeit ist auch schon ein kleiner Eisenbahnzug auf der württembergischen Bahn hingeeilt, ohne dass er eine Lokomotive vorgespannt hatte. Hohe Herren, Minister, Eisenbahndirektoren, Ingenieure haben diese Schnellfahrt mitgemacht und sich dabei mit eigenen Augen überzeugt, wie dieselbe lediglich durch jenen kleinen Apparat im Inneren des Waggons, der mit den Wagenachsen durch ein Räderwerk in Verbindung gesetzt wird, zur Ausführung gelangt.

Andere Proben solcher Art sind mit Draisinen und mit gleichem Erfolg unternommen worden. Auf dem Neckar bei Cannstatt, auf dem Waldsee bei Baden-Baden vor der großherzoglichen Familie, auf dem Bodensee bei Friedrichshafen vor der Königin Olga, auf dem Rummelsburger See bei Berlin unter Teilnahme von Beamten des preußischen Marineministeriums, wurde mit demselben Apparat ein kleines Schraubenboot in Fahrt gestellt und machte dieselbe schnell und leicht wie ein Dampfschiff. Offenbar würde die gleiche praktische Verwendbarkeit dieses Motors auch für Luftschifffahrt stattfinden können und überall da, wo überhaupt eine mechanische Krafterzeugung, wie sie durch Dampf, Elektrizität, Gas und Petroleum heute schon in verschiedenste Anwendung bei Maschinen gekommen ist, begehrt wird.

Wagen mit dem neuen Motor von Daimler.

Das Eigenartige dieses neuen, bereits überall patentierten Krafterzeugers, den der Ingenieur Daimler in Cannstatt erfunden hat, besteht in seiner überall ohne Umständlichkeit und aufs billigste zu ermöglichenden Leistungsfähigkeit. Wie er in den erwähnten Fahrten bereits hundertfache Proben überzeugend bestanden, ist er in einem kleinen Kasten enthalten, der nur 60 kg Gewicht hat und überall hingestellt oder sonst wie angebracht werden kann. Mit einem halben Liter Petroleum in der Stunde erzeugt er, was in der Technik eine Pferdekraft bedeutet. Entsprechend vergrößert vermag er auch nach Belieben entsprechend mehr Kraft zu liefern. Letztere wird bewirkt durch die Gasentwickelung des durch eine Lampe erwärmten Petroleums, welche sich mit der atmosphärischen Luft im Behälter vermengt und zu einer Explosion führt; genau geregelt in ihrer Wirkung, wiederholt sich dieselbe fort und fort und nimmt äußerlich vernehmbar den Charakter eines dreitaktigen Pendelschlags an. ❐

Elektrischer Vollbahnbetrieb

Polytechnisches Journal • 11.5.1907

Am 27. April 1907 hielt der Oberingenieur der Allgemeinen Elektrizitätsgesellschaft, Reg.-Baumeister a. D. Pforr im Sitzungssaal des Verwaltungsgebäudes der genannten Gesellschaft vor einem geladenen Zuhörerkreis, in welchem auch der Herr Minister der öffentlichen Arbeiten erschienen war, einen Vortrag über den elektrischen Vollbahnbetrieb.

Der elektrische Bahnbetrieb, der bisher nur im engeren Stadt- und Vorortverkehr mit seinen kleinen Zuggewichten und den kurzen Zugfolgen wirtschaftliche Erfolge erzielen konnte, sieht sich beim Voll- und Fernbahnverkehr einer wesentlich schwierigeren Aufgabe gegenüber.

Zunächst ist klar, dass die im Straßenbahnbetrieb üblichen niedrigen Gleichstromspannungen von 500 – 600 Volt schon angesichts der großen von einer Lokomotive im Durchschnitt geforderten Leistungen, die auf Stromstärken von 600 – 1200 Ampere führen würden, ungenügend sind. Um die Energieübertragung im elektrischen Fernbahnbetrieb wirtschaftlich zu gestalten, sind Spannungen von mindestens 6000 Volt am Fahrdraht erforderlich. Nun ist es noch nicht gelungen, Gleichstrommaschinen für solche Spannungen betriebssicher zu bauen, so dass bei allen bisherigen Versuchen auf dem Gebiete der Elektrisierung der Fernbahnen vom Gleichstrom von vornherein abgesehen wurde.

Hier treten Wechselstrom und Drehstrom in ihre Rechte. Mit beiden Betriebsarten sind ausgedehnte Versuche angestellt worden, so u. a. mit Drehstrom von der Studiengesellschaft für elektrische Schnellbahnen.

Es hat sich bei diesen Versuchen gezeigt, dass den Vorzügen des Drehstroms doch vorwiegende Nachteile gegenüberstehen. Zunächst gestattet der Drehstrommotor in einfacher Weise keine genügende Geschwindigkeitsregulierung. Schwerwiegender ist schon der weitere Umstand, dass bei Drehstrommotorwagen sich die für den Bahnbetrieb so wichtige Gruppenschaltung (Steuerung mehrerer Wagen von einem Punkt aus) nicht betriebssicher durchführen lässt und schließlich das Haupthindernis der komplizierten Fahrdrahtanlage. Namentlich in den Weichen treten durch die zwei erforderlichen Drähte so große konstruktive Schwierigkeiten hinsichtlich einer genügenden Isolation auf, dass die Lösung dieser Frage bei den Fahrten der Studiengesellschaft nicht einmal versucht wurde.

Alle diese Erfahrungen weisen auf den Einphasenwechselstrom. Der Einphasenwechselstrommotor hat sich langsamer entwickelt, als der Drehstrommotor. Jetzt ist aber unzweifelhaft der Beweis erbracht, dass der Wechselstrom-Reihenmotor dem Gleichstrommotor in Bezug auf Geschwindigkeitsregelung in keiner Weise nachsteht und dem Drehstrommotor gegenüber den Vorteil der Gruppenschaltung aufweist, während die Fahrdrahtverhältnisse in keiner Weise Schwierigkeiten bieten.

Die ersten größeren Wechselstromlokomotiven wurden in Nordamerika von der General Electric Comp. erbaut. Im Anschluss an die dortigen Erfahrungen hat auch die Allgemeine Elektrizitätsgesellschaft auf Veranlassung der preußischen Staatseisenbahn-Verwaltung auf ihrer Versuchsbahn nach Spindlersfelde ausgedehnte Versuche während zweier Jahre unternommen. Andere Elektrizitätsfirmen sind der Allgemeinen Elektrizitätsgesellschaft gefolgt.

Die Fragen, die bei den Spindlersfelder Versuchen gelöst wurden, bezogen sich u. a. in erster Linie auf die Aufhängung des Fahrdrahtes und auf die menschensichere Durchkonstruktion der Hochspannungsanlage der Lokomotive. Die bei Straßenbahnen übliche direkte Aufhängung des Fahrdrahtes an den Auslegerarmen der Masten wurde verlassen und eine mittelbare Aufhängung mit Hilfe eines oder zweier Tragedrähte gewählt, welch letztere ihrerseits an den Auslegern befestigt sind. So gelang es, dem Fahrdraht eine der geraden Linie sehr ähnliche Gestalt zu geben, indem man ihn in Abständen von 3 m am Tragedraht befestigte, während bei der gewöhnlichen direkten Aufhängung der Fahrdraht aus aneinandergereihten Seilkurvenabschnitten besteht, die in den Aufhängepunkten mit einem Knick aneinander schließen. Jene Maßregel ist bei den großen Fahrgeschwindigkeiten, die sich auf über 100 km/h belaufen werden, unerlässlich, soll nicht anders der Stromabnehmer an den Aufhängepunkten unzulässige Schläge auf den Fahrdraht ausüben.

Die Andrückvorrichtung des Stromabnehmers wurde pneumatisch ausgeführt, so dass sie vom Führerstand aus bequem betätigt werden konnte. Gleichzeitig verband man mit der pneumatischen Einrichtung ein Hebelwerk, welches bei angedrücktem Stromabnehmer die Hochspannungskammer des Wagens geschlossen hält, so dass der Führer nur bei abgezogenem Bügel, d. h. bei völliger Spannungslosigkeit der Leitungsanlage die Hochspannungskammer betreten kann. Außerhalb der Hochspannungskammer befinden sich aber nur solche Leitungsteile, welche den auf die niedrige Verbrauchsspannung der Motoren herabtransformierten Strom führen.

Unter solchen Vorsichtsmaßregeln gelang es, den Betrieb auf der Spindlersfelder Strecke zwei Jahre lang ohne jeden Unfall durchzuführen.

Seitdem hat sich der Wechselstrom in immer stärkerem Maße das Gebiet des Bahnbetriebs erobert, so dass es jetzt 30 Wechselstrombahnen mit zusammen 1200 km Betriebslänge gibt. Die angewendeten Spannungen gehen bis 15 000 V, die Geschwindigkeiten bis 112 km/h. Der Vortragende geht nun über zur Frage der Elektrisierung des ganzen preußischen Staatsbahnnetzes.

Als Fahrdrahtspannung werden 6000 V gewählt. Diese Spannung wird dem Fahrdraht von Transformatorwerken zugeführt, die in Abständen von 40 km längs der Bahnstrecken verteilt sind. In den Transformatorwerken wird der 6000 V-Strom aus 15 000 V-Strom erzeugt, welch letzterer den Transformatorwerken aus den Kraftwerken geliefert wird. Solcher Kraftwerke sind 30 vorhanden, indem man den Wirkungsradius eines Kraftwerkes an 200 km festsetzt. In den Kraftwerken wird der 15 000 V-Strom mittels Dampfturbinen erzeugt.

Unter Benutzung der Betriebsergebnisse und der Betriebsstatistik der preußischen Staatsbahnen von 1904 unternimmt dann der Vortragende eine Schätzung der Anlage und Betriebskosten für die geschilderte Anordnung.

Die Schätzungen beruhen in erster Linie auf dem statistisch geführten Nachweis, dass von den 17 000 preußischen Staatsbahn-Lokomotiven nur 54 % zu gleicher Zeit im Zugdienst verwendet werden, die übrigen 46 % sind entweder in Reparatur oder in Betriebsvorbereitung oder in Reserve.

Da nun die elektrische Lokomotive vermöge ihrer Konstruktion weniger Reparaturen erfordert und sie außerdem immer betriebsbereit ist, wird die erforderliche Anzahl an elektrischen Lokomotiven auf 64 % der Dampflokomotiven berechnet. Hiermit ergibt sich ein Anlagekapital für die Beschaffung der elektrischen Lokomotiven von 535 Mill. ℳ. Die Anlagekosten für die Fahrdraht- und Transformator-Werkanlage sind berechnet auf 345 Mill. ℳ, so dass die gesamten Anlagekosten sich auf 880 Mill. ℳ belaufen werden.

Die Betriebskosten werden berechnet unter der Annahme, dass die Eisenbahnverwaltung den 15 000 V Strom für die Transformatorwerke von Privaten bezieht und dass es diesen möglich sei, die elektrische Energie zu 3,5 Pfg. für die kWh zu liefern. Die weitere Diskussion aller Posten der mit dem Dampfbetrieb verbundenen Betriebskosten führt schließlich zu dem Ergebnis, dass durch Einführung des elektrischen Vollbahnbetriebes eine Betriebskostenersparnis von 47 Mill. ℳ zu erzielen sein wird. Dieser Betrag würde aber hinreichen, das Anlagekapital von 880 Mill. ℳ mit 5 % zu verzinsen.

Die ganze Schätzung ist sehr vorsichtig durchgeführt; in Wirklichkeit wird das Ergebnis wahrscheinlich günstiger sein. Gar nicht in Anschlag gebracht sind aber die Vorteile, die das Vorhandensein von billiger Energie längs des Bahnnetzes im Gefolge haben wird. Rechnet man ferner den günstigen Einfluss hinzu, den die Erhöhung der Verkehrsgeschwindigkeit auf das gesamte Wirtschaftsleben ausüben wird, zieht man schließlich noch die militärischen Vorteile und die Annehmlichkeit der verminderten Rauchplage in Betracht, so ergibt sich als Gesamtresultat der Wunsch, dass es der preußischen Staatsbahnverwaltung gelingen möge, der Elektrisierung ihres Bahnnetzes in nicht allzu ferner Zeit näher zu treten. Dass die Absichten der Verwaltung diesem Wunsch nicht abgeneigt sind, zeigt das Interesse, welches sie jederzeit an Schnell- und Fernbahnversuchen genommen, und welches neuerdings in dem Projekt einer elektrischen Vollbahn von Altona nach Kiel mit 120 – 150 km/h Geschwindigkeit zum Ausdruck kommt. • *Dr. Hort.*

Tränkung der Lokomotiven im Laufen

Die Gartenlaube *1869*

In England beginnt eine gut ausgedachte Verbesserung im Eisenbahnwesen in Aufnahme zu kommen, eine Vorrichtung nämlich, durch welche bei Schnellzügen die Aufenthalte wegfallen, welche bisher durch die Einnahme von frischem Speisewasser verursacht wurden. Die Tender schöpfen vielmehr ihren Bedarf, während die Züge im vollen Lauf bleiben. Das Wasser wird ihnen nämlich in einem eisernen Trog vorgesetzt, der sich an der Einnahmestation zwölfhundert Fuß[1] lang in der Mitte der Schienen hinzieht. Ein metallenes Schöpfrohr mit einer Weitung von zehn Zoll Breite und zwei Zoll Höhe geht schräg vom Tender herab gegen den Wasserspiegel. Sobald der Tender den Anfang des Troges erreicht, drückt der Wärter auf einen Hebel und das Rohr senkt sich so weit, dass es zwei Zoll tief ins Wasser taucht. Das Weitere macht sich von selbst; durch das rasche Gegenfahren gegen das ruhende Wasser wird dieses gezwungen im Rohr aufzusteigen. Die Steighöhe bis zum Ausguss in den Tender ist siebenundeinhalb Fuß; nach der theoretischen Berechnung muss der Zug, um das Wasser so hoch emporzutreiben, die Geschwindigkeit von einundzwanzig Fuß per Sekunde[2] haben. Die Praxis ergab jedoch, dass, um die Sache in erwünschten Gang zu bringen, die Geschwindigkeit noch etwas höher gesteigert werden muss. Beim Durchfahren des ganzen Trogs können 1148 Gallonen[3] Wasser aufgenommen werden. ❒

Hilfssignale auf Eisenbahnzügen

Polytechnisches Journal *1880*

Zu den zahlreichen bereits vorhandenen Versuchen, den Reisenden von jedem Wagen eines Eisenbahnzuges aus die Entsendung eines Hilfssignals zu dem Zugpersonal zu ermöglichen, hat W. Klauss in Braunschweig einen weiteren gesellt, welcher darauf abzielt, die über den ganzen Zug nach der Lokomotivpfeife laufende Zugleine durch einen eigentümlichen, auf jedem einzelnen Wagen anzubringenden Haspel aufzuwickeln und so die Lokomotivpfeife in

1) rund 365 m
2) rund 23 km/h
3) rund 5200 l

Tätigkeit zu versetzen, sobald ein Reisender an einer in seinem Coupé vorhandenen Schnur zieht und dadurch ein am Ende jedes Wagens unterzubringendes Fallgewicht auslöst, das bei seinem Niedergehen die Haspelwelle in Umdrehung versetzt. Zugleich wird noch ein Läuteapparat im Gepäckwagen oder Vorläufer aufgestellt, welcher durch ein eigentümliches Schnurrad zum Läuten gebracht wird; die in das Schnurrad eingeworfene Zugleine klemmt sich darin durch ihr eigenes Gewicht fest, so dass der Schaffner oder Zugführer durch Umdrehen einer Kurbel die Lokomotivpfeife ertönen lassen kann, der Läuteapparat aber auch mitläutet, wenn ein Reisender ein Hilfssignal nach der Lokomotive gibt. Diese rein mechanische Anordnung besitzt den Vorteil, dass in den Zug eingestellte Wagen, welche nicht mit ihr ausgerüstet sind, ihre Benutzung mit den Wagen, in denen sie vorhanden ist, nicht hindert. ❐

Seehafen für Brügge

Zentralblatt der Bauverwaltung *23.4.1881*

Der belgische Zivil-Ingenieur De Maere hat für die städtische Verwaltung von Brügge das Projekt eines Seehafens bearbeitet, mit welchem die 14 km von der Küste entfernt liegende Stadt durch einen Seekanal in Verbindung gesetzt werden soll. Belgien besitzt an seiner Küste keinen guten Hafen. Antwerpen liegt zu weit landeinwärts, um beim Transitverkehr nach England mit Vlissingen und den französischen Häfen konkurrieren zu können. Ostende wird gegen das hohe Meer durch die flachen flandrischen Bänke für tiefgehende Schiffe abgesperrt. Dagegen ist die Küste zwischen Blankenberge und Heist jederzeit zugänglich und für die Anlage eines Tiefwasserhafens geeignet. Die Einfahrt desselben soll durch zwei parallele Molen gebildet werden, deren westliche um 260 m länger als die östliche, 800 m lange, projektiert ist. Dieser Vorsprung soll die Flutströmung von der 300 m breiten Hafenmündung abhalten. Auch glaubt man damit, die Versandung der Hafeneinfahrt verhindern zu können. Die Einfahrtstiefe bei niedrigster Ebbe soll 7 m betragen. Der Seekanal nach Brügge würde gleichfalls 7 m Tiefe und eine Breite von 20 m in der Sohle, 62 m im Wasserspiegel bekommen. Die Flutschleusen sollen das Kanalniveau etwas über Terrainhöhe halten. Das Material der erforderlichen Deiche wäre durch Ausschachtung des Kanalbettes zu gewinnen. ❐

Gesetzliche Einführung der drahtlosen Telegrafie auf Schiffen

Verkehrstechnische Woche *1.10.1910*

Im englischen Unterhause ist ein Gesetzentwurf eingebracht worden, nach dem es verboten sein soll, dass irgendein Schiff, das an Reisenden und Besatzung mehr als 50 Personen an Bord hat, einen englischen Hafen verlässt, ohne mit einer Ausrüstung zur drahtlosen Verständigung versehen zu sein. Das Gesetz soll sowohl für englische, als auch für ausländische Schiffe Geltung besitzen.

Der drahtlose Telegraf muss von einem Sachkundigen bedient und jederzeit in gutem Zustand erhalten werden; die Verständigung muss auf 100 Meilen (160 km) bei Tag und bei Nacht möglich sein. Die einzigen Schiffe, die von diesen Bestimmungen ausgenommen sein sollen, sind diejenigen, die zwischen englischen und irischen Häfen verkehren und dabei keine größere Entfernung, als 300 km zurückzulegen haben. • *Wk.*

Von Paris nach London in einem Panhard

Allgemeine Automobil-Zeitung 18.3.1900

Eine interessante Fahrt, interessant besonders dadurch, dass sie bei ganz außerordentlich intensiver Kälte absolviert wurde, machten Anfang Februar 1900 einige Automobilisten von Paris nach London, selbstverständlich mit Überschiffung des Kanals, und zwar via Havre.

Mr. Rolls hatte in Paris einen 12pferdekräftigen Panhard-Wagen gekauft und war mit einigen Freunden nach Paris gereist, in der Absicht, zur Retourfahrt das erworbene Automobil zu benützen. An dieser Fahrt beteiligten sich außer Mr. Rolls noch Messr. M. Mayhew, A. Russell und F. W. H. Hutchinson. Dieser Letztere hat die recht beschwerliche Automobilfahrt im Autocar sehr anschaulich beschrieben. Das zitierte Blatt bringt auch ein Bild von der Reise, welches wir hier wiedergeben. Wie man aus der Toilette der vier Automobilisten ersehen kann, war es keineswegs ein Mailüftchen, in welchem sie ihre Fahrt unternahmen. Was aber ein ordentlicher Chauffeur ist, der schert sich nicht um Wind und Wetter, auch nicht um die bärenhafteste Bärenkälte. ❐

Elektrischer Lichtwerfer für Flugplätze

Illustrierte Technik 8.7.1925

Für die Fluglinie von New York nach San Francisco werden an den Landeplätzen fahrbare Lichtwerfer verwendet, die mit 500 Millionen Kerzenstärke ein außerordentlich intensives Licht ausstrahlen. Die Intensität des Scheinwerferlichtes soll derart stark sein, dass der Flieger bereits in einer Entfernung von 100 Kilometern das Licht erkennt. Der Lichtwerfer ist mit konzentrischen Ringspiegeln ausgerüstet, die das Licht nach unten auf den Flugplatz reflektieren, so dass der Flieger nicht durch einen Lichtkegel geblendet wird. ❐

Denkmäler für Alexander und Wilhelm von Humboldt

in Berlin

Zentralblatt der Bauverwaltung • 2.6.1883

Am 28. Mai 1883, dem Geburtstage der Tochter Wilhelms von Humboldt, der verwitweten Frau Staatsminister von Bülow, sind die beiden Denkmäler Alexanders und Wilhelms von Humboldt in Berlin feierlich enthüllt worden. Der Ausschuss, welcher sich zum Zweck der Errichtung eines Nationaldenkmals für Alexander von Humboldt gebildet hatte, erließ im Jahr 1869 seinen Aufruf zur Sammlung von Beiträgen. Als Standort für das Denkmal war der Vorgarten des Universitäts-Gebäudes in Aussicht genommen. Durch Senatsbeschluss der Universität wurde aber die Aufstellung dieses Denkmals

Die Friedrich-Wilhelms-Universität zu Berlin (heute Humboldt-Universität) Ende des 19. Jahrhunderts.

an der beabsichtigten Stelle nur unter der Bedingung zugestanden, dass an gleicher Stätte auch für Wilhelm von Humboldt ein Denkmal erstehe. Ein dahingehendes Gesuch des Ausschusses an den König fand Zustimmung, so dass nunmehr die Errichtung eines Standbildes für beide Brüder, und zwar für Wilhelm von Humboldt aus Staatsfonds, für Alexander von Humboldt aus den in ganz Deutschland gesammelten Beiträgen erfolgen konnte.

Im Jahr 1876 wurde eine allgemeine Konkurrenz ausgeschrieben. Das Ergebnis war, dass im folgenden Jahr die Ausführung der Bildwerke dem Professor Reinhold Begas in Berlin für Alexander, dem Bildhauer Paul Otto in Rom für Wilhelm von Humboldt übertragen wurde, dem Ersteren mit abändernder Bestimmung in Betreff des Modells. Mit der Aufstellung wurde im Februar 1883 begonnen, doch wurde der Fortgang der Arbeiten durch den starken Frost in den Monaten Februar und März sehr gehindert, so dass die völlige Fertigstellung erst am 8. Mai zu ermöglichen war. Aus der Skizze ist die Anordnung ersichtlich. Die langgestreckte Flucht des eisernen Gitters, welches den Vorgarten der Universität abschließt, ist an zwei Stellen durch Einbuchtungen in überhöhter Halbkreisform unterbrochen worden. Die Denkmäler, vor die Linie des Gitters mit ihrem Unterbau etwas vorspringend, überschreiten die eigentliche, durch eine besondere Stufe in ganzer Frontlänge vor dem Gitter fortgesetzte Flucht des Universitäts-Gebäudes nicht. Dem durch das mittlere Gartenportal Eintretenden zur Linken hat Wilhelm, zur Rechten Alexander von Humboldt seine Stätte gefunden; beide Denkmäler sind gegen den Garten der Universität durch das halbkreisförmig herumgeführte Gitter abgeschlossen; nach der Straße liegen sie frei, nur durch ein niedriges, ganz einfaches schmiedeeisernes Geländer umwährt. Das in Formgebung und Technik interessante eiserne Gitter des Vorgartens, das sich als außerordentlich schadhaft erwies, musste einer durchgreifenden

Aufteilung der Humboldt-Denkmäler.

Ausbesserung unterworfen werden, die durch Ed. Puls in Berlin vortrefflich ausgeführt worden ist. Die Denkmäler sind ganz aus weißem Marmor hergestellt. Auf 3,2 m hohen, mit Inschriften und Reliefs geschmückten Unterbauten bis zu einer Höhe von über 5 m aufragend, zeigen sie die Bildnisse der beiden Brüder in sitzender Stellung; sie fügen sich gut in das Gesamtbild der Universitätsfront ein und bilden einen hochbedeutsamen Schmuck an hervorragender Stelle der Hauptstadt des Deutschen Reiches.

• *F. Z.*

Neunstöckiges Pariser Wohnhaus.

Neunstöckiges Pariser Wohnhaus

Das Neue Universum • 1898

Das hier zu besprechende neunstöckige Gebäude ist bei den Parisern besonders durch seine eigentümliche Treppenkonstruktion, sowie durch seine aus engen Wandelgängen gebildete Passage berühmt, welche aus der *Rue de Valois* nach der *Rue de Radzivill* führt. In dieser Passage befanden sich früher elegante Verkaufsbuden, welche besonders des Abends von der vornehmen Modewelt besucht wurden. Gegenwärtig hat sich dies alles geändert. Man kann es kaum noch glauben, dass die Passage Radzivill ein bei der vornehmen Pariser Welt einstmals beliebter Aufenthaltsort gewesen ist. Kaum wagt sich noch jemand in diese düsteren Gänge hinein, die seit langer Zeit vereinsamt sind.

In der *Rue de Valois* gab es zwei Eingänge zu denselben, von denen aber der eine nunmehr verbaut worden ist. Nur der eine Gang der Passage ist noch vorhanden, welcher nach der inneren Treppe führt. Auf derselben gelangt man bis in das zweite untere Stockwerk des Hauses, welches im gleichen Niveau mit der *Rue de Radzivill* liegt. Hier beginnt die nach allen Stockwerken und den zahlreichen Wohnungen des Hauses führende Treppe; dieselbe bildet im Grundriss zwei verschiedene Windungen. Das runde Treppenhaus wird durch ein großes Oberlichtfenster erhellt, und das Sonnenlicht gelangt frei bis zum Untergeschoss.

Diese Treppe bildet, wie das Bild zeigt, zwei graziöse Spiralen, von denen jede bei ***A*** und ***B*** an gegenüberliegenden Stellen nach den Korridoren führt, welche die Stockwerke des Hauses miteinander verbinden. Die Besucher können sich gegenseitig emporsteigen sehen und gehen bald nach rechts, bald nach links von Aufstieg zu Aufstieg, ohne jemals sich die Hand reichen zu können. Wenn man also auf der einen Treppe emporsteigt, so gelangt man nach und nach an die Türen des ersten Stockwerks rechts, des zweiten Stockwerks links usw., welche sich in der Abbildung bei ***A*** befinden. Steigt man dagegen auf der anderen Treppe empor, so gelangt man zu den Türen des ersten Stockwerks links, des zweiten Stockwerks rechts usw., welche sich in der Abbildung bei ***B*** befinden.

Die Konstruktion dieser Treppe ist also sehr eigentümlich und wohl einzig in ihrer Art. Infolge des Unterschiedes der Straßenhöhen hat das Haus auf der Seite der *Rue de Valois* neun Stockwerke, wenn das Dachgeschoss mit eingerechnet wird, auf der Seite der höher gelegenen *Rue de Radzivill* dagegen deren nur acht. Die beiden Fronten sind äußerst einfach gehalten, so dass das Haus einer Kaserne gleicht. Nur seiner Höhe wegen ist dieses Bauwerk von Interesse, denn es ist das höchste Haus in Paris. ❐

Die neuen Seine-Kais und die Tolbiac-Brücke in Paris

ZENTRALBLATT DER BAUVERWALTUNG • 17.2.1883

Im Osten der Stadt Paris, innerhalb der Festungsmauer, wird gegenwärtig zwischen der Brücke von Bercy und der National-Brücke ein 1275 m langer neuer Kai ausgeführt. Im Zusammenhang hiermit steht der Bau ausgedehnter überwölbter Lagerräume, die Herstellung einer Straße über diesen Räumen und der Bau einer neuen Brücke über die Seine, etwa in der Mitte des Kais. Aus den *Fig. 1 u. 2* ist die allgemeine Anordnung ersichtlich.

Der Kai am rechten Seine-Ufer und die unmittelbar angrenzenden Lagerräume sind durch die Verhältnisse der städtischen Steuerhebung bedingt. In Paris mangelt es für die zu Wasser ankommenden Güter an Niederlage-Räumen, die unweit des Flusses gelegen sind. Die Lagerräume am Kai von Bercy sollen die Möglichkeit gewähren, die städtische Zollgebühr erst zu entrichten, wenn die Waren zum Verbrauch abgeholt werden.

Der durch das ausgedehnte Weingeschäft hervorgerufene lebhafte Verkehr erfolgt auf der Straße zwischen den Lagerräumen am Kai und den großen Wein-Niederlagen, die eine Fläche von etwa 40 Hektaren bedecken. Der Kai ist mit dieser Straße durch die vier auf dem Situationsplan angedeuteten Durchfahrten verbunden. Aller andere Verkehr kann sich abgesondert auf der Straße über den Lagerräumen bewegen, welche so hoch liegt, dass die Brücken hier keine Rampen erfordern. Die genannten Bauten einschließlich der neuen Tolbiac-Brücke sind auf 6 500 000 Francs veranschlagt, wozu die Stadt Pa-

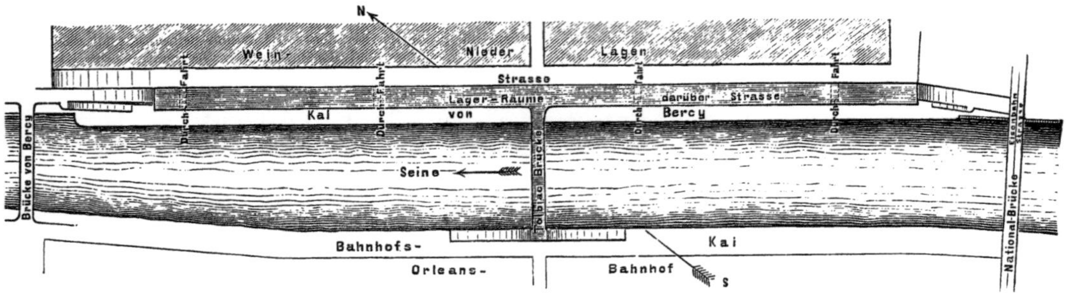

↑ ***Fig. 1. Situationsplan.***

↓ ***Fig. 2. Längenschnitt der Tolbiac-Brücke.***

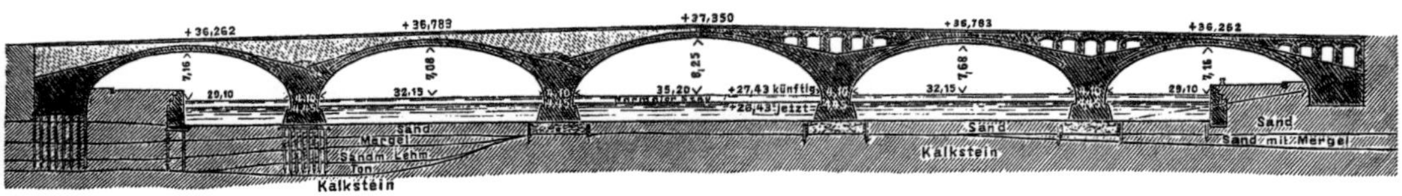

ris 3 870 000 Francs beiträgt. Die Ausführung erfolgt vonseiten des Staats für die Stadt.

Das vorwiegende Baumaterial ist der in Paris allgemein angewendete Kalkstein. Die Außenflächen der Kais, der Lagerräume und der Brücke sind mit besonderen Verblendungskalksteinen verkleidet.

Der Pfahlrost der Kaimauer ist ohne Spundwand und nur mit Querverholmung und Bohlung, also ohne Zangen, hergestellt. Die in *Fig. 3* angegebene Steinschüttung soll die Ausspülung verhindern. Die einzelnen Rostböcke sind in Entfernungen von 1,75 m von Mitte zu Mitte angeordnet.

Beim Entwurf der Brücke ist die Herstellung möglichst großer Durchflussprofile beabsichtigt worden, denn man hat es vorgezogen, unter Anwendung kostspieliger Fangedämme und Schöpfarbeiten das Pfeilermauerwerk schon in Höhe der Flusssohle beginnen zu lassen, anstatt den Beton bis zur Höhe des kleinsten Wasserstands zu schütten.

In der Zeichnung *Fig. 4* sind zwei Normalwasserstände angegeben, von denen der höhere derjenige ist, der durch den Umbau des unterhalb folgenden Staus bei Suresnes ermöglicht werden soll.

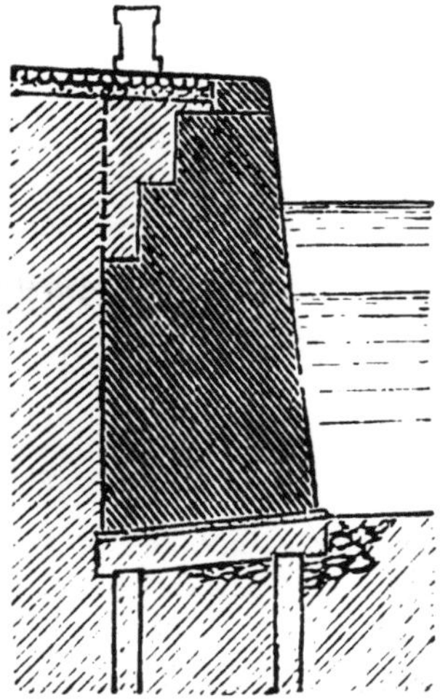

Fig. 3. Querschnitt der Kaimauer.

Bei einem Strompfeiler und einem der Landpfeiler hat man anstatt der Betonfundierung Pfahlrost anwenden müssen.

Auch für den Rost des Strompfeilers ist eine gegen Ausspülung sichernde Spundwand nicht für nötig erachtet worden. Die Zwischenräume zwischen den Rostpfählen sind aber unter dem Bohlenbelag mit Steinen ausgepackt.

Die elliptischen Bögen sind so geformt, dass sich Stützlinien finden lassen, welche innerhalb des mittleren Drittels der Bogenstärke liegen. Die Ermittlung dieser Stützlinien ist auf graphostatischem Wege in gewöhnlicher Weise erfolgt. ❐

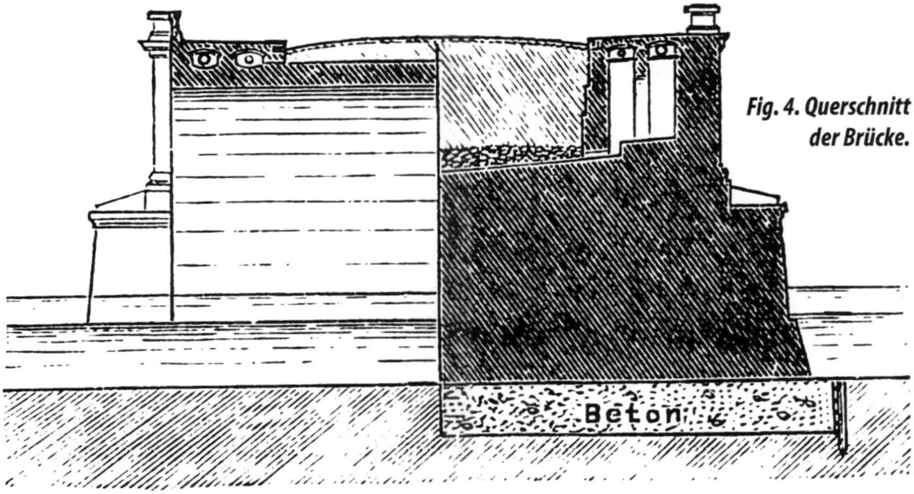

Fig. 4. Querschnitt der Brücke.

Verwendung des Linoleums

Polytechnisches Journal • 21.5.1890

Über eine ausgedehnte Verwendung des Linoleums beim Bau des Herzog Ernst-Seminars zu Gotha macht der Großherzogl. Landbaumeister Günther nachstehend auszugsweise wiedergegebene bemerkenswerte Mitteilungen.

Es sind an besagter Stelle im Ganzen 4050 m² Linoleumteppich verlegt, und zwar 3200 m² auf Beton und 850 m² auf Gipsestrich.

Mit Ausnahme der im Sockelgeschoss des Neubaus gelegenen Wirtschaftsräume sind die Fußböden sämtlicher Räume und auch die Treppen mit Linoleum belegt worden. Dasselbe, unbedruckt, ist von der Delmenhorster Linoleumfabrik in Delmenhorst bei Bremen hergestellt worden.

Da bei dem genannten Neubau von vornherein die Verwendung von Korkteppich beabsichtigt wurde, so sind in Rücksicht hierauf sämtliche Decken als flache Betonkappen zwischen eisernen Trägern, und nur diejenige über dem zweiten Stockwerk als Balkendecke, hergestellt, da letztere gleichzeitig als Dachbalkenlage zur Aufnahme des Dachverbandes dienen sollte. Die Betongewölbe sind waagerecht abgeglichen und glatt gestrichen, und ist hierauf der Korkteppich in der Weise aufgeklebt, dass die ganze zu belegende Fläche mit einem starken, aus Roggenmehl und Terpentin bestehenden Kleister bestrichen wurde. An den Wänden ist ein dichter Anschluss dadurch erreicht worden, dass der Korkteppich etwa 10 mm unter einen 5 mm hohen und 15 mm tiefen Falz der Scheuerleiste geschoben wurde. Diese Anordnung empfiehlt sich deshalb, weil es erwünscht ist, dass das Verlegen des Korkteppichs die letzte Bauarbeit ist, da sonst der Fußbodenbelag ungemein leiden würde. Zu gleichem Zweck ist auch der Ofensockel ausgefalzt. Die Ofenbleche liegen mit der Oberkante des Korkteppichs bündig, haben genau die Stärke des Fußbodenbelags, 35 mm, und sind vor dem Aufbringen des letzteren verlegt.

Die Treppen in dem Neubau sind aus Beton zwischen eisernen Trägern hergestellt und haben zunächst 6 cm starke, gegossene Trittstufen von Zementkunststein und sodann den Korkteppichbelag erhalten. Um die Ränder des Linoleums zu schützen, ist dieses in eine 3,5 mm starke Vertiefung verlegt worden.

An der Treppenwandseite steht das Linoleum um 15 cm, an der Geländerseite um 25 cm, an der Trittstufenkante um 3 cm zurück.

Vor dem Verlegen musste die Oberfläche des Betons, welche nach der Fertigstellung desselben und vor Beginn des Aufbringens des Belags noch von anderen Handwerkern betreten worden war, von Unebenheiten befreit werden, um ein vollständig glattes Verlegen des Korkteppichs zu ermöglichen. Dieses geschah, indem sämtliche durch Mörtel entstandene Erhöhungen durch scharfe, etwa 10 cm breite Eisen abgekratzt wurden. Größere Vertiefungen, die durch herabfallende Gegenstände verursacht waren, wurden mit dünnflüssigem Gips ausgefüllt; Vertiefungen von unbedeutendem Umfang wurden schon durch den zähen Kleister ausgefüllt.

Der Verfasser ist der Ansicht, dass sich das Verlegen des Korkteppichs auf Betonfußböden einfacher und billiger stellen wird, wenn man die Betongewölbe nur waagerecht abgleichen, aber nicht mit Zement glatt streichen lässt; nachdem sodann alle übrigen Handwerker ihre Arbeiten in den einzelnen Räumen beendet haben, lässt man den Fußboden mit einer dünnen Gipsschicht abgleichen, und verschliefst die so fertiggestellten Räume bis zum vollständigen Trocknen des Gipses, was nur sehr kurze Zeit erfordert, damit vor dem Verlegen des Korkteppichs niemand den Fußboden betrete. Es unterliegt keinem Zweifel, dass man so einen vollständig tadellosen Fußboden erhalten wird.

Im Dachgeschoss ist der Belag, wie erwähnt, auf Gipsestrich verlegt worden. Über der, wie üblich, mit Lehm glatt gestrichenen Ausstaakung ist bis 1 cm über Balkenoberkante trockener Sand aufgebracht und hierüber ein Gipsestrich von 2 cm Dicke hergestellt worden, hierauf wurde der Korkteppich wie auf Zementbeton verlegt.

Die Bedenken, welche sich vielfach über die Verwendung des Korkteppichs verbreitet finden, und welche der Verfasser teilweise selbst gehegt hat, können durch die im vorliegenden Fall gesammelten Erfahrungen als vollständig widerlegt betrachtet werden.

Die Hauptbedenken sind folgende:

1. soll das Material sehr viel teurer sein, als der gewöhnlichste Holzfußbodenbelag,
2. soll der Korkteppich durch einen strengen und unangenehmen Geruch sich lange bemerkbar machen, und
3. soll derselbe in der Benutzung sich deswegen nicht empfehlen, weil er sehr empfindlich ist und man jeden von unreinem Fußwerk herrührenden Staub oder Schmutz mehr bemerkt, als auf Holzfußboden.

Es ist nicht zu bestreiten, dass ein Korkteppichfußboden teurer zu stehen kommt, wenn man den Belag auf einen sonst bereits fertigen Fußboden, also auf mit Ölfarbe gestrichenen Dielen verwendet. Wer wirtschaftlich bauen will, wird indessen, wenn er sich von den gewohnten Balkenlagen nicht trennen mag, wenigstens die Dielen und den Anstrich derselben sparen.

Nach einer Vergleichung der Kosten, welche sich beim Seminarbau ergeben, stellt sich das Quadratmeter Fußboden von gehobelten und mit Ölfarbe gestrichenen 2,5 mm starken mit Feder und Nut versehenen gehobelten Dielen, einschließlich verlegen, ölen und zweimal mit Ölfarbe zu streichen und zu lackieren zu 3,60 ℳ, während die Kosten des Fußbodens mit Korkteppich auf Gypsestrich sich in folgender Weise zusammensetzen:

0,02 m³ trockenen Sand zu 6 ℳ	0,12 ℳ
1 m² Sand 2 cm hoch aufzubringen	0,20 ℳ
1 m² Gipsestrich mit Beimengung von Sand im Verhältnis 1 : 1 herzustellen	0,90 ℳ
1 m² Korkteppich einschließlich verlegen	3,20 ℳ
Zusammen	4,42 ℳ

Es stellt sich hiernach also der Belag mit Linoleum nur um 82 Pfg. teurer, als der allergewöhnlichste Holzfußboden. Bei der Wahl von besserem Dielenbelag, als Wiener Stab- oder gar Parkett-Fußboden, würde sich indessen der Holzfußboden, sogar gegen den mit hübschen Mustern bedruckten Korkteppich (3,70 𝓜) um 68 Pfg. bzw. 3,68 𝓜 teurer stellen, selbst wenn man die für Stab- und Parkett-Fußboden gewiss billigen Preise von nur 5 𝓜 bzw. 8 𝓜 für den Quadratmeter in Ansatz bringt.

Der Verfasser führt noch eine weitere Kostenvergleichsrechnung für die Herstellung von Decke und Fußboden eines ungefähr 36 m^2 haltenden Raumes aus.

Wir wollen demselben nicht in die einzelnen Aufstellungen folgen und erwähnen nur, dass sich als Endergebnis der Kosten für eine Holzdecke und Holzfußboden 361,42 𝓜 ergibt, während die Betondecke zwischen eisernen Trägern mit Korkteppich sich auf 405,14 𝓜 stellt.

Somit ist die massive, feuersichere Decke mit Korkteppich nur um 1,21 𝓜 für das Quadratmeter teurer, als die Holzdecke mit einfachem Dielenbelag, was im Vergleich zu dem Vorteil, den schon allein die Feuersicherheit der Decke gewährt, nicht viel bedeuten will.

Sodann behält das Linoleum dauernd die schöne, reine, braune Grundfarbe, bekommt keine Risse und Fugen, wie dies bei Holzdielen nur zu häufig der Fall ist, und erspart die öfteren Anstrichkosten und Unbequemlichkeiten, welche hiermit verbunden sind.

Außerdem ist nicht zu übersehen, dass ein Belag von Korkteppich weit angenehmer als ein solcher von angestrichenen Dielen ist, da er gewissermaßen den Teppich ersetzt.

Die anderen Einwürfe bedürfen kaum einer Widerlegung. Es ist wahr, dass der Korkteppich in der ersten Zeit etwas nach Leinöl riecht; aber das ist nicht einmal so lange der Fall, wie bei einem frisch gestrichenen Fußboden. Bei einer reichlichen und vernünftigen Lüftung, nach wiederholtem Aufwaschen mit reinem, kaltem Wasser verliert sich der Geruch in ganz kurzer Zeit vollständig, falls nicht geringwertige Erzeugnisse verwendet wurden.

Der Korkteppich ist für Aufnahme von Schmutzflecken nicht empfindlicher als eine frisch gestrichene Diele. Die Empfindlichkeit tritt um so weniger auf und verliert sich um so eher, je öfter und sorgsamer Bürste, Seife und Wasser angewendet werden. Um die Reinigung leicht und schnell bewerkstelligen zu können, empfiehlt es sich, das Linoleum alle 3 bis 4 Wochen mit einer aus Wachs und Terpentin bestehenden Bohnermasse zu behandeln. Diese Masse wird, nachdem das Linoleum mit lauwarmem Seifenwasser gereinigt und abgetrocknet ist, in etwas gewärmtem Zustande und in ganz geringer Menge mittels eines wollenen Tuches auf dem Linoleum gründlich verrieben, so dass möglichst viel derselben in das Linoleum eindringt. Alsdann reibt man das Linoleum mit einem trockenen, leinenen Tuch wieder ab, so dass von der Masse nichts mehr auf demselben haftet, wodurch der Belag ein frisches und glänzendes Aussehen erhält und gegen Schmutzaufnahme widerstandsfähig wird. Bei gemustertem, also bedrucktem Linoleumteppich hat diese Behandlungsweise eine noch größere und günstigere Wirkung, indem durch dieselbe das ganze Muster als neu erscheint und die Druckfarben sich frisch und glänzend erhalten. Diese mit farbigen Mustern, und zwar in den schönsten Parkett-, Teppich- und Steinnachahmungen, bedruckten Korkteppiche, welche nur unbedeutend teurer als die einfarbigen sind, empfehlen sich besonders für Privathäuser.

Die Haltbarkeit des besten Linoleums soll auf über zwanzig Jahre hinausgehen.

In Räumen, für die man einen geräuschlosen, warmen, gesunden, staubfreien und dabei feuersicheren Fußboden wünscht, wird dieser Fußbodenbelag als der beste der gegenwärtig bekannten besonders zu empfehlen sein. ❐

Miscellen

Die Erfindung der Brücken

Die Gartenlaube *1854*

In den tropischen Ländern, in welche die Zivilisation noch nicht so weit gedrungen ist, dass die Mittel der europäischen Baukunst in denselben angewandt werden können, erregen die Brücken, welche die Eingeborenen aus Bambusstäben bauen, häufig die Bewunderung der Reisenden. Einer von diesen, welcher in jüngster Zeit Ceylon durchstreifte, der Engländer Sullivan, und dort ebenfalls Bambusbrücken fand, die von einem Baum zum anderen über das Wasser liefen, macht dabei folgende Bemerkung: Die Eingeborenen haben diese Baukunst offenbar von den Affen gelernt. Wenn diese an ein Wasser kommen, das ihre Jungen nicht überspringen können, so hängen sie sich an einen Baum herab mit den Schwänzen aneinander, bin sie eine lange Linie gebildet haben und setzen diese vor- und rückwärts schwingend in Bewegung, bin der letzte Affe imstande ist, den Baum an dem anderen Ufer zu erreichen. Dann gehen die Weibchen mit ihren Jungen über die so gebildete lebendige Brücke. Ist das Wasser für diese Weise zu breit, so bilden sie die Kette zu beiden Seiten und schwingen sich so lange, bin sie ihre Schwänze in der Mitte vereinigen können. In der gleichen Weise bilden auch die Ameisen Brücken für die Abgründe, die sich ihnen auf ihren Expeditionen darbieten. ❐

Der Albertturm auf dem Kolmberg bei Oschatz in Sachsen

Pfennig Magazin *21.6.1855*

Aus einem durch verschiedene Beiträge gewonnenen Fonds ist der Bau dieses Wartturms erst 1854 vollendet worden. Er besteht aus Parterre und drei Etagen, welche den Besuchern des Bergs zum Aufenthalt dienen. Auf der

um den Turm sich windenden Treppe gelangt man in drei Zimmer und von dem an der dritten Etage angebrachten Balkon wiederum von innen auf einer Freitreppe auf die Plattform, auf welcher sich eine erhöhte Galerie befindet, und durch das daselbst angebrachte Perspektiv über die Umfassungsmauer der Estrade hinweg die sich bietende

Fernsicht in Augenschein nehmen zu können. Ohne besondere Anstrengung kann man Torgau, die Landskrone bei Görlitz, die Festung Königstein, die Gegend von Dresden, die Gebirgsketten bei Zwickau, überhaupt den größten Teil Sachsens übersehen.

Seinen Namen hat der Turm vom Kronprinzen Albert von Sachsen, dessen Bildnis nebst dem seiner Gemahlin im obersten Zimmer zu sehen ist. ❐

Pyrenäen-Tunnel

Zentralblatt der Bauverwaltung *22.10.1881*

Ein großartiger Plan, zu dem die Anregung aus Spanien kommt, soll in Angriff genommen werden: es handelt sich um nichts weniger als die Durchbohrung der Pyrenäen, um die Hindernisse, die dieses unwegsame Gebirge bisher dem Verkehr zwischen Frankreich und Spanien entgegensetzte, in gleicher Weise zu besiegen, wie dies beim Mont Cenis und Gotthard geschehen ist. Am 14. Oktober 1881 hat König Alfons einen hierauf bezüglichen Gesetzentwurf unterzeichnet, der demnächst den Cortes vorgelegt werden soll. Das Ministerium ersucht darin die Cortes, ihm behufs Verhandlungen mit der französischen Regierung Vollmacht zu erteilen. Spanien beabsichtigt, die Bahnlinie von Huesca über Ayerbe, Caldearenas, Jaca und Canfrane der französischen Grenze zuzuführen und die Pyrenäen in der Gegend des Col de Homport zu durchbohren. Die Linie würde also auf französischer Seite ins Gavetal nach Oloron führen. Die Hälfte der Bohrungskosten will Spanien tragen, während. Frankreich die andere übernehmen soll. Die Wichtigkeit dieses Unternehmens ist ohne weiteres einleuchtend, wenn man bedenkt, dass die Pyrenäen eine fortlaufende Schienenverbindung bisher nur im äußersten Westen und Osten der spanisch-französischen Grenze über Bayonne und Perpignan zuließen. In den Zentral-Pyrenäen ist aber jede Verbindung im Sommer schon schwierig, im Winter aber meist unmöglich, so dass der Handelsverkehr zwischen den Grenzgebieten gänzlich stockte, da er gezwungen war, über Bayonne oder Perpignan zu geben, ein Umweg, der den Handel mit vielen Waren nicht mehr lohnend erscheinen ließ. Dieser Übelstand würde durch einen Tunnel, der außerdem den Weg von Paris nach Madrid um 100 km verkürzen würde, gehoben werden, und es ist daher begreiflich, dass man in Paris den spanischen Vorschlag, an dessen Annahme in den Cortes nicht gezweifelt wird, sehr freundlich aufnimmt und alles mögliche Entgegenkommen französischerseits in Aussicht stellt. Nach Absicht der Spanier soll der Tunnel einen internationalen Charakter haben.

• *Köln. Ztg.*

Brücke zwischen Indien und Ceylon

Prometheus *4.10.1893*

In indischen Kreisen wird, dem Engineer zufolge, die Frage der Überbrückung der Ceylon von Indien trennenden Straße zur Verbindung der beiderseitigen Bahnnetze ernstlich erörtert. Leider teilt das Blatt nichts Näheres über die Sache selbst mit. Es weist uns darauf hin, dass der Bau der Brücke eine verhältnismäßig leichte Sache wäre, weil sie die Riffkette – die sogenannte Adams-Brücke – zur Stütze hätte, welche sich quer durch die Straße hinzieht. Der Bau würde überdies die Schifffahrt kaum behindern, weil die Meerenge eben infolge der Riffe von den größeren Schiffen gemieden wird. ❐

Erfindung und Technik

Technische Plauderei von Hans Dominik

Die Woche • 8.1.1910

Wohl jeder von uns hat in der Jugend mit atemloser Spannung die Schicksale Robinson Crusoes verfolgt und miterlebt, wie der auf eine einsame Insel Verschlagene sozusagen aus dem Nichts heraus die wichtigsten Werkzeuge und Apparate von neuem erfand. Wir sahen, wie der Held jener Abenteuer sich zuerst unter unsäglichen Schwierigkeiten aus Muscheln und Feuersteinen schneidende Werkzeuge machen musste, wie er dann in den Besitz des Feuers kam, und wie er Schritt für Schritt lernte, Brot zu backen, irdene Waren zu schaffen, Ziegelsteine zu brennen und Wasserleitungen anzulegen.

Hans Dominik (1872 – 1945)

Abb.: Willy Nus

Das gerade Gegenteil zu diesem ursprünglichen Zustand vollkommenster Voraussetzungslosigkeit bietet unser modernes Zeitalter der Technik für den Erfinder. Robinson Crusoe konnte erst Ziegelsteine brennen, nachdem er sich Feuer beschafft hatte und nachdem er in den Besitz von schneidenden Werkzeugen gekommen war, um damit die einzelnen Steine aus dem Ton zu formen. Die vorgeschrittene Erfindung wurde ihm erst möglich, nachdem er die einfachen Hilfserfindungen selbst gemacht hatte. Im Gegensatz dazu bietet unsere Zeit dem Erfinder solche Teilerfindungen bereits in großer Vollkommenheit.

Wir besitzen heute eine hoch entwickelte Elektrotechnik, eine Presslufttechnik, eine Technik der verflüssigten Gase und Zahlreiches andere mehr. Jede einzelne dieser Spezialtechniken besitzt eine Fülle gut durchgebildeter Konstruktionen, die dem kombinierenden Erfinder ohne weiteres zur Verfügung stehen. Das ist nun von doppeltem Einfluss auf den Entwicklungsgang der Erfindertätigkeit gewesen. Einmal wird eine naive Betätigung à la Robinson Crusoe dadurch zweifellos zurückgedrängt. Der technische Laie, der die unzähligen Hilfsmittel der Spezialtechnik nicht kennt, wird immer mehr dem geschulten Techniker Platz machen, und die Behauptung, dass wichtige Erfindungen heute überhaupt nicht mehr von Laien gemacht werden können, entbehrt nicht einer gewissen Berechtigung. Zweitens aber wirkt das Arsenal von Hilfsmitteln und Hilfskonstruktionen zweifellos auf den technisch Gebildeten anregend und fördert die erfinderische Tätigkeit ganz bedeutend, wie ja die hohen Ziffern der Patentämter zur Genüge beweisen.

Einige Beispiele mögen das Gesagte illustrieren. Bekanntlich haben wir auf See-Bojen, die mit Pressgas gefüllt sind und auf denen eine Gasflamme brennt, um den Schiffen auch bei Nacht den Weg zu zeigen. Bei Tage ist die Flamme natürlich überflüssig, da die Schiffer die Leuchtbojen auch ohnedem sehen. So liegt die Aufgabe nahe, eine Konstruktion zu erfinden, die die Flammen nur bei Dunkelheit brennen lässt, sie dagegen bei Helligkeit klein stellt.

Die Lösung des Problems, die von dem Berliner Physiker Ruhmer gegeben wurde, war äußerst einfach. Unsere Technik kennt ein besonderes Element, die Selenzelle, die bei Belichtung Strom durchlässt, im Dunklen den elektrischen Strom nicht leitet. Freilich kann man durch solche Zelle nur außerordentlich schwache Ströme hindurchgehen lassen. Dafür aber besitzen wir in der Elektrotechnik ein anderes, an tausend Stellen gebrauchtes und erprobtes Konstruktionselement, das Relais Der feine Strom durchfließt die Windungen eines Elektromagneten. Dieser Elektromagnet betätigt einen Anker, und der Anker schaltet bei seinen Bewegungen einen sehr viel stärkeren Strom auf irgendeine weitere Apparatur aus oder ein. Im Besitz dieser beiden Dinge war es nun nicht mehr allzu schwer, den vom Relais betätigten Strom mit Hilfe von Elektromagneten auf einen Gashahn wirken zu lassen, und damit war die gesamte Apparatur vollendet. Sobald die Strahlen der aufgehenden Sonne die Selenzelle auf irgendeiner im freien Meer verankerten Boje treffen, wird sie stromleitend. Der Strom fließt durch das Relais und schaltet einen stärkeren Elementenstrom auf den Gashahn, der sich dadurch schließt. Sobald hingegen wieder Dunkelheit kommt oder auch schwerer Nebel, wird der Zellenstrom unterbrochen, und eine feine Feder zieht den Relaisanker zurück, ein anderer Elementenstrom dreht den Gashahn auf, und die Bojenflamme brennt.

Ein einziges derartiges Grundelement wie die Selenzelle kann nun bei den verschiedensten erfinderischen Problemen Anwendung finden. Wo immer es sich darum handelt, optische Werte in elektrische umzusetzen, wird der geschulte Techniker sofort zur Selenzelle greifen. Aber solcher Grundelemente gibt es außerordentlich viele. Nehmen wir als ein anderes Beispiel den Transport lebendiger Süßwasserfische. Es handelt sich dabei darum, das Transportwasser unter anderem auch regelmäßig mit reinem Sauerstoff zu durchlüften.

Noch vor wenigen Jahren hätte diese Aufgabe ganz außerordentliche Schwierigkeiten bereitet. Heute bietet uns die Technik der flüssigen Luft beziehungsweise des flüssigen Sauerstoffs ein äußerst einfaches Mittel dazu. Man stellt nur eine der üblichen Fünfliterflaschen mit flüssigem Sauerstoff auf und führt von ihr einen Gummischlauch in das zu durchlüftende Wasser. Unter dem Einfluss der äußeren Wärme geht allmählich flüssiger Sauerstoff in luftförmigen über, und in ständigem Strom eilen Sauerstoffblasen durch das Wasser.

Ein gutes Beispiel für den Wert solcher Hilfskonstruktionen bietet auch der Automobilmotor. Das Benzingas in seinen Zylindern muss bekanntlich entzündet werden, und das Mittel dazu ist der elektrische Funke. Man braucht also Elektrizität, und man braucht ferner eine Vorrichtung, die einfachen Gleichstrom in den für die Funkenbildung notwendigen hochgespannten Wechselstrom umwandelt. Als die Automobiltechnik diese Forderungen erkannte, gab es bereits Apparate, die das Verlangte ohne weiteres boten. Es gab den transportablen Akkumulator, der es gestattet, auf· kleinem Raum eine ganz gehörige Portion Elektrizität mitzunehmen, und es gab ferner die Induktionsspule, den Transformator oder Ruhmkorf-Apparat, der den niedrig gespannten Akkumulatorengleichstrom in hochgespannten Wechselstrom umwandelte. Unter Benutzung dieser Konstruktionen war es ein Leichtes, eine gute Zündvorrichtung zu schaffen.

Und als der Automobilmotor in allen seinen Einzelheiten zu einer gewissen Vollendung gediehen war, da wurde er seinerseits wieder ein wichtiges Grundelement für viele ander und größere Probleme. Graf Zeppelin hat es öfter als einmal ausgesprochen, dass er die glückliche Durchführung seiner Erfindung nicht zum mindesten dem Umstand danke, dass die Technik ihm im Einzelnen bereits gut Durchgebildetes bot, zum Beispiel einen betriebssicheren Benzinmotor und leichtes Aluminiummetall in genügenden Mengen und zu annehmbarem Preise.

Auch bei der neusten Erfindung, dem deutschen Gyrowagen, wurde es wohltätig empfunden, dass die· Technik viele Einzelheiten bereits für andere Zwecke gut durchgebildet hatte. Die Stabilisierung des Gyrowagens erfolgt bekanntlich durch Kreisel. Dabei kommen Umdrehungszahlen zur Anwendung, die bisher in der Technik neu waren. Die Kreisel laufen mit beinah 150 Touren in der Sekunde. Eine außerordentlich zuverlässige und reibungslose Lagerung der rotierenden Kreisel war daher notwendig. Sie wäre mit den alten Mitteln des allgemeinen Maschinenbaus kaum möglich gewesen. Aber seit einigen Jahren verfügen wir ja über zuverlässige Kugellager. Aus dem Konstruktionsteil, der vor zwanzig Jahren ganz vorsichtig und versuchsweise bei den alten Velozipeden zur Anwendung kam, ist inzwischen ein erprobtes Maschinenteil geworden, das auch die schweren Beanspruchungen des Kraftwagens sicher aushält und sofort als wertvolles Lagerungsmittel für die extrem schnell rotierenden Kreisel des Gyrowagens Benutzung finden konnte.

Die Praxis zeigte weiter, dass jene Kreisel nicht im luftgefüllten Raum laufen durften. Wirkt doch bei den enormen hier in Betracht kommenden Geschwindigkeiten die Luftreibung durch Bremsung und Erhitzung der Kreisel außerordentlich störend. So entschloss man sich, sie im Vakuum, in luftleeren Kapseln, laufenzulassen, und auch hier fand man eine Technik der Abdichtung und der Evakuierung vor, die die Aufgabe wesentlich erleichterte und es ermöglichte, sofort betriebssichere Konstruktionen zu schaffen.

Werfen wir einen Blick aus eine der genialsten Erfindungen neuerer Zeit, auf die selbsttätige Flaschenmaschine, deren Patente in Deutschland bekanntlich für 5 Mill. Mark gekauft wurden, so finden wir ebenfalls als Unterelemente die vollständige Beherrschung der Drucklufttechnik sowohl wie der Technik des Vakuums. Ganz selbsttätig saugt die Maschine mit hundert Rüsseln das flüssige Glas aus dem Ofen ein, und ebenso selbsttätig werden die flüssigen Glasmengen durch Druckluft zu Flaschenform aufgeblasen.

Nach Hunderten ließen sich Beispiele beibringen, wie jede moderne Erfindung sich vorhandene Konstruktionselemente nutzbar machen. Die wenigen hier gegebenen mögen genügen. Sie zeigen, dass eine erfolgreiche Erfindertätigkeit heute nur noch denkbar ist, wenn der Erfindende nicht nur sein Problem klar erfasst hat, sondern auch die Mittel kennt, die die vorhandene Technik ihm zur Durchführung des Problems bietet. ❒

Humoristische Technik

WAGNER-SAMMELBILDER • 1930

Die Sammelbilder waren Werbebeigaben der 1907 gegründeten Margarinewerke Wagner & Co. in Elmshorn.

Der Traum des Wachtmeisters
Der Polizeiwachtmeister Greifzu bekam in einer Nacht heftiges Alpdrücken und hatte dabei folgenden, seltsamen Traum: Es schien ihm, als ob er eine fabelhafte, neue Erfindung zum Einfangen von Landstreichern, flüchtigen Dieben und anderem Gesindel gemacht habe. Diese Erfindung, so träumte er, würde bei der Polizei sofort eingeführt und er selbst würde zur Belohnung sofort zum Polizeihauptmann befördert. Ganz deutlich erblickte er im Traum das neue Wunder, das Verhaftungsauto, Marke ›Lumpensammler‹. Es war mit einer vorzüglichen, ganz und gar selbsttätigen Fangvorrichtung versehen. An einem Stahlrohr waren zwei bewegliche Fangarme und Hände befestigt, die jede in Reichweite kommende verdächtige Gestalt kurzerhand ergriffen, in die Luke oben schoben und so in sicheren Gewahrsam brachten.

Die Eßmaschine
Es gibt doch immer noch Leute, denen selbst der geringste Handgriff zu viel ist. Selbst der bequemste Mensch entwickelt meistens einen gewissen Eifer, wenn es ans Essen geht; aber manche sind sogar dazu noch zu faul. So auch die beiden Freunde Dick und Mühsam. Nach langen Versuchen brachten sie es fertig, eine Maschine herzustellen, die ihnen die Mühe des Essens vollständig abnahm. Diese neue Eßmaschine, ein Wunder der Technik, funktionierte folgendermaßen: Ein kleiner Motor setzte das ganze Hebelwerk in Bewegung. Dann sind oben verschiedene Knöpfe angebracht, mit denen man den Apparat auf die verschiedenen Mahlzeilen umstellen kann. So hat z. B. Mühsam auf ›Kaffee‹ geschaltet, während Dick den Gang ›Gänsebraten‹ laufen lässt. Es gibt alles Mögliche: einen Bissenschneider, dann Mundzuführung, Kaffee-Eingießer, Salzstreuer und Zuckerspender.

epilog.de

epilog.de

Humoristische Technik

Wie sich der kleine Max die Löcher im Schweizerkäse erklärt

Der Schweizerkäse muss bekanntlich ein ganzes Jahr oder länger lagern, bis er gebrauchsfertig ist. Wenn der Käse dann endlich reif ist, so erkennt man das daran, dass sich in seinem Innern große und kleine Löcher gebildet haben. Nun hat es sich aber herausgestellt, dass der kleine Max dies alles besser weiß. Der kleine Max stellt sich das mit den Löchern nämlich so vor: Auf der Almwiese droben in den Bergen sitzt der Sepp, der Hüterbua, an der Käsbohrmaschine. Vier braune, gutmütige Alpenkühe setzen ein Triebrad in Bewegung und dieses treibt den Bohrer an. Und nun nimmt der Sepp ein Rad Käse nach dem anderen her und hält es an den Bohrer. »Szsst – szsst!« Siehst du wohl, so kommen die Löcher in den Schweizerkäse!

Der kleine Hans erfindet das Fernsehen

Einst hieß es: »Hänschen klein, ging allein in die weite Welt hinein«. Heute hat der kleine Hans das nicht mehr nötig. Auf die Wanderschaft gehen, damit er die weite Welt kennenlernt? O bewahre! So altmodisch ist doch der kleine Hans nicht mehr! Aber etwas anderes macht der kleine Hans. Er sucht sich allerhand zusammen: einen Stuhl, einen Besen, einen langen Baumast, ein paar Meter Draht und den Radioapparat aus der guten Stube. So, das genügt. Nun den Stuhl aufs Dach hinaufgeschleppt und auf den Kamin gestülpt. Der Besen gibt zusammen mit dem Ast aus Nachbars Bodenluke eine ausgezeichnete Antenne. Der Empfang ist hervorragend, er hört die ganze Welt. Und fernsehen? Schaut nur hin, über Berg und Wald und Felder kann Hänschen von dort droben aus ›fernsehen‹!

epilog.de

Humoristische Technik

Trainingsmaschine für Boxer

Jim Knokout war ein leidenschaftlicher Boxer. Der Ruhm Jack Dempseys und Franz Dieners ließ ihn nicht mehr schlafen und er sann Tag und Nacht darauf, wie er es so weit bringen könnte, wie diese. »Auf das Training kommt es an, lieber Freund, nur auf das Training!« sagte er zu allen seinen Bekannten, auch wenn diese ihn zufällig nach der Zeit gefragt hatten. Schließlich erfand sich Jim eine ganz neuartige Massagevorrichtung, von der er sich einen riesigen Erfolg versprach. Er konstruierte ein mechanisches Klopfwerk, das durch einen Motor angetrieben wurde und imstande war, ihm pro Minute 50 kolossale Schläge auf Brust, Bauch und Beine zu versetzen. Es ist klar, dass Jim dadurch eine riesige Muskulatur bekam. Er wurde vollkommen abgehärtet. Leider habe ich nichts mehr von ihm gehört – ob ihm die Klopferei auf die Dauer vielleicht doch nicht gut bekommen ist?

Das fahrende Wochenendhaus

Ich bin der Ansicht, dass die heutige Mode des Wochenendhauses noch sehr mangelhaft ist. Denn erstens muss man meistens erst eine langweilige Eisenbahnfahrt machen, bis man endlich bei seinem Häuschen angelangt ist und zweitens ist es doch furchtbar stumpfsinnig, jeden und jeden Sonntag in einer und derselben Gegend zu verbringen. Diesen schweren Übelständen ist nun endlich Abhilfe geschaffen worden durch das WEM (Wochenendhaus-Motorrad), den Triumph der Neuzeit. Nun wird es am Wochenende erst richtig gemütlich. Das ganze Hüttchen wird auf das Motorrad aufmontiert und der Vater muss die ganze Geschichte steuern. Da im Innern wenig Platz ist, werden Kochgeschirr, Eimer und sonstige Einrichtungsgegenstände an der Außenwand des Hauses angebracht. Die Wäsche trocknet infolge des Luftzuges in der halben Zeit wie sonst. Alle Familienmitglieder sind vergnügt und glücklich. Man hofft, dass sich die neue Mode in kurzer Zeit allgemein durchsetzt.

Die X-Strahlung

Die Gartenlaube • 1896

In der Rechenkunst wird eine unbekannte, zu ermittelnde Größe mit dem drittletzten Buchstaben unseres Alphabetes bezeichnet und deshalb hat Wilhelm Konrad Röntgen, Professor der Physik in Würzburg, eine von ihm beobachtete Strahlungs-Erscheinung, deren Art des Unbekannten und Rätselhaften hinreichend aufweist, um nicht nur Fachgelehrte zu ihrer Erforschung anzuregen, sondern auch das allgemeine Interesse in Anspruch zu nehmen, vorläufig die X-Strahlung genannt. Soll doch durch diese Strahlen in gewisser Hinsicht die Fotografie des Unsichtbaren möglich sein, sollen sie doch den Arzt in den Stand versetzen, Fotografien von Knochen im lebenden Körper aufzunehmen, und so scheinen sie berufen, als ein neues Hilfsmittel zur Erkennung der Krankheiten der Menschheit zu dienen.

Andererseits ist Röntgens Entdeckung von voraussichtlich weittragender wissenschaftlicher Bedeutung, indem sie eine bis dahin nicht bekannte Art der Kraftäußerung zum Gegenstande der Forschung zu machen gestattet, woraus die Anschauung von dem, was die Physiker Kraft, Energie nennen, erheblichen Gewinn zu ziehen berechtigte Aussicht hat.

Die Wärme, das Licht, die Elektrizität, der Magnetismus sind Bewegungserscheinungen, die sich entweder an den kleinsten Teilchen der Körper kundgeben oder am Äther, jenem gemutmaßten Stoff, der nicht nur die Räume zwischen den kleinsten Körperteilchen, den Molekülen, ausfüllt, sondern auch durch den ganzen Weltenraum ausgebreitet ist. Bestimmte Schwingungen des Äthers sind Licht, und da das Licht ferner Sonnen zu uns gelangt, müssen wir schließen, dass der Äther im Universum vorhanden ist, so weit es unserem Auge wahrnehmbar wird: ist doch das Licht der Bote, der in dem Streifenbild des Spektrums uns Kunde von physikalischen und chemischen Vorgängen aus Entfernungen gibt, zu deren Berechnungen der Astronom als Einheit die zwanzig Millionen geografische Meilen haltende Sonnenmeile anwendet.

Dass das Licht von fernen Gestirnen zu uns kommt, setzt uns nicht in Erstaunen, denn der Himmel ist ja durchsichtig. Nun aber wird eine Kraft entdeckt, oder

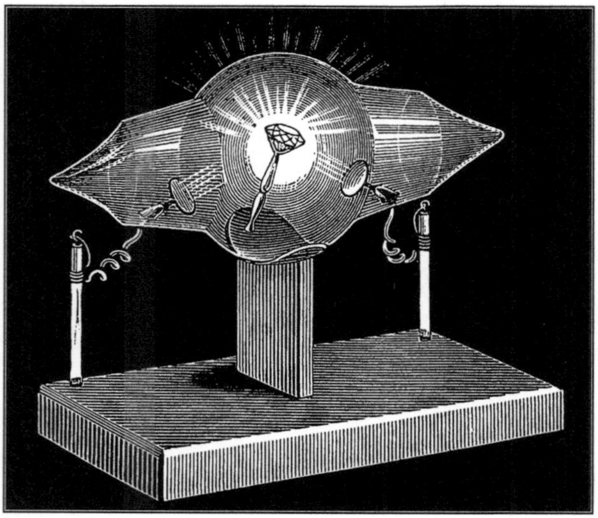

Crooksche Röhre mit einem phosphoreszierenden Diamanten.

sagen wir lieber eine Strahlung, die einzelne Eigenschaften des Lichtes besitzt, während sie sich im übrigen wesentlich von den ›Licht‹ genannten Schwingungen des Äthers unterscheidet, mit einem Worte die X-Strahlung, die undurchsichtige Gegenstände durchdringt. Dies macht den Eindruck eines Wunders.

Wie Professor Röntgen die Strahlung fand, sei in Kürze mitgeteilt. Er hatte eine mit Stoff umwickelte sogenannte Crookessche Röhre auf seinem Laboratoriumstische, durch die er behufs eines Versuches starke elektrische Ströme leitete. Nach einiger Zeit bemerkte er, dass ein entfernt von der Röhre liegendes lichtempfindliches Papier Linien zeigte, die bisher bei elektrischer Einwirkung nicht wahrgenommen wurden. Er verfolgte die Beobachtung weiter.

Er bedeckte die Crookessche Röhre mit einem dicken Karton und stellte in einer Entfernung bis von zwei Metern von ihr einen Papierschirm auf, der mit einer fluoreszierenden (selbstleuchtenden) Masse, mit Bariumplatincyanür, bestrichen war. Nun fand er, dass der Schirm bei jeder Entladung in der Röhre aufleuchtete.

Es mussten mithin unsichtbare Strahlen von der Röhre ausgehen, die das Kartonpapier durchdrangen und die genannte Substanz zum Leuchten brachten.

Die Crookesschen Röhren sind röhren- oder kugelförmige Glasgefäße, in deren Wandungen Platindrähte zum Einleiten der Elektrizität geschmolzen sind, es ist aber die in ihnen befindliche Luft- oder Gasart durch Auspumpen bis auf ein Millionstel verdünnt. Die ersten grundlegenden Versuche mit solchen Röhren wurden von den deutschen Physikern Hitorf in Münster und Goldstein in Berlin gemacht, am bekanntesten

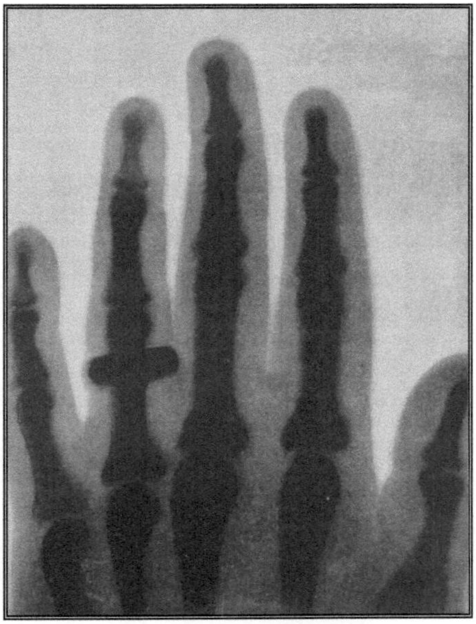

Eine Damenhand. Nach dem Röntgenschen Verfahren aufgenommen von P. Spies.

wurden aber die späteren Versuche des englischen Physikers Crookes. Daher der Name der Röhren. Crookes nahm an, dass die Moleküle der Luft in dieser Verdünnung freieren Spielraum hätten als unter gewöhnlichem Druck und von Elektrizität in Bewegung gesetzt würden, ohne sich gegenseitig zu hindern und in der Bahn zu stören. Sie prallen, wie er meint, nicht gegeneinander, sondern werden erst dann gehemmt, wenn sie die Wand des Glases treffen, wobei ein solches Bombardement von elektrisch geschleuderten Luft- oder Gasmolekülen stattfindet, dass die Glaswand zu leuchten beginnt. Die strahlende Materie – so nannte Crookes die elektrisch in Bewegung gesetzten verdünnten Gase – hat die Fähigkeit, geeignete Körper zum Phosphoreszieren, d. i. zum Selbstleuchten, zu bringen. Beryllerde, in ein solches Rohr getan, phosphoresziert blau, Lithium goldgelb, der Smaragd karmesinrot. Am schönsten und schnellsten aber phosphoresziert der Diamant. Ein Diamant, der bei Tageslicht grün, bei Kerzenlicht aber weiß erschien, gab in einer Crookesschen Kugelröhre, als die molekulare Entladung von unten gegen ihn gerichtet wurde, ein grünliches Licht, das im Dunkeln mit dem Glanz einer Kerze strahlte. Unsere nebenstehende Abbildung zeigt die Anwendung des eben beschriebenen Versuches.

Crookes brachte die phosphoreszierenden Stoffe unmittelbar in die Bahn der sogenannten strahlenden Materie, die als solche nicht leuchtet, sondern das Leuchten anderer Substanzen hervorruft.

Röntgen fand, dass von den elektrisch erregten verdünnten Gasen eine Strahlung in die Ferne stattfindet, und zwar

Wilhelm Konrad Röntgen und die X-Strahlung

Bei dem großen Aufsehen, das die Entdeckung des Würzburger Physikers Röntgen allenthalben erregt, werden den Lesern einige genaue Angaben über seinen bisherigen Lebensgang willkommen sein. Wilhelm Konrad Röntgen ist geboren am 27. März 1845 zu Lennep, Regierungsbezirk Düsseldorf, und daher nicht, wie vielfach geschrieben worden ist, Holländer von Geburt. Nach Abschluss seiner Gymnasial- und Universitätsstudien, veröffentlichte er noch vor seiner am 12. Juni 1869 in Zürich erfolgten Promotion eine Untersuchung über die Bestimmung des Verhältnisses der spezifischen Wärme der Luft. Er hatte dieselbe im physikalischen Laboratorium der Universität Zürich auf Anregung seines Lehrers August Rundt ausgeführt. Am 22. Dezember 1870 folgte er diesem an die Universität Würzburg, und als Rundt dann nach Straßburg zog, begleitete ihn Röntgen am 11. Mai 1872 als Assistent an das Physikalische Institut der Universität der Reichslande. Dort habilitierte er sich im März 1874 als Privatdozent, wurde am 7. April 1875 an die Landwirtschaftliche Akademie in Hohenheim (Württemberg) berufen, und zwar als ordentlicher Professor, und erhielt sodann am 11. April 1876 einen Ruf als außerordentlicher Professor an die Universität Straßburg. Am 10. April 1879 ging er als ordentlicher Professor und Direktor des Physikalischen Instituts an die Universität Gießen, um von

Professor Röntgen. Nach einer Aufnahme von Hoffotograf Prof. E. Hanfstaengel.

durch undurchsichtige Umhüllung hindurch, und er nannte die Erscheinung X-Strahlung. Dabei stellte sich heraus, dass die X-Strahlung Körper durchdringt, die unserem Auge undurchsichtig erscheinen, und zwar um so leichter, je weniger dicht die betreffenden Stoffe sind. Papier ist sehr durchlässig; stellte Professor Röntgen ein Buch von etwa 1000 Seiten zwischen die Crookessche Röhre und den Fluoreszenzschirm, so leuchtete derselbe noch deutlich auf. Hielt er die Hand zwischen den Entladungsapparat und den Schirm, so sah er die dunkleren Schatten der Handknochen in dem nur wenig dunklen Schattenbilde der Hand. Holz ist für die neuen Strahlen sehr durchlässig, Metalle dagegen halten die Strahlen je nach ihrer Dichte auf. Professor Röntgen

dort am 31. August 1888 als ordentlicher Professor und Direktor des Physikalischen Instituts in Würzburg an diese Universität berufen zu werden, fürwahr ein würdiger Nachfolger Kohlrauschs! Einen im Februar an ihn ergangenen ehrenvollen Ruf nach Freiburg lehnte Röntgen ab, was ihm seitens der bayrischen Regierung warme Anerkennung eintrug. 1893/94 bekleidete Röntgen an der Würzburger Universität die Würde des *Rector magnificus*, und beim 200-

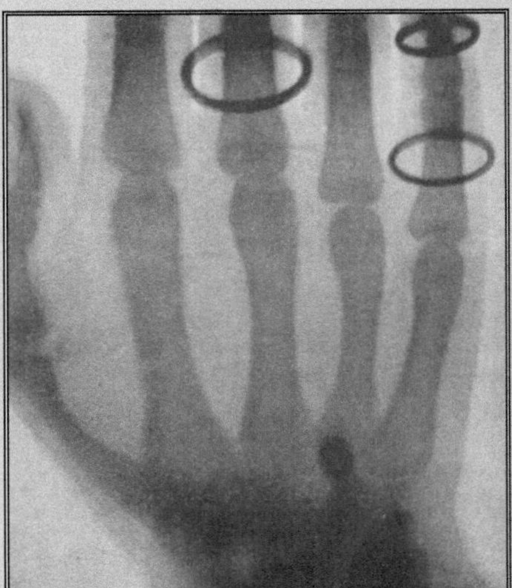

Hand mit einer darinsitzenden Kugel. Nach dem Röntgenschen Verfahren aufgenommen im physikalischen Institut des Großh. Neuen Gymnasiums in Darmstadt.

jährigen Jubiläum der Universität Halle hatte er die *Alma Julia* zu vertreten.

Die praktische Verwertung der epochemachenden Entdeckung des deutschen Naturforschers ist indessen im vollen Gange. Überall werden Fotografien vermittelst der X-Strahlen aufgenommen, und vor allem sucht man das neue Verfahren in den Dienst der Heilkunde zu stellen. Es ist mit ihm in der Tat möglich, über allerlei Veränderungen, Verdickungen oder Brüche der Knochen sich Klarheit zu verschaffen, ebenso vermag der Arzt, die Lage eingedrungener metallischer Fremdkörper, wie Nadeln, abgebrochener Messerklingen und Kugeln, genau zu bestimmen. Unsere Abbildung ist die Wiedergabe der Fotografie einer Hand, die von Dr. Baur, Dr. Fischer und Dr. Lettermann in Darmstadt aufgenommen wurde. Wir sehen auf ihr ganz deutlich die Kugel an einem der Mittelhandknochen als einen dunklen runden Fleck verzeichnet. Doch damit ist die Verwendbarkeit der Fotografie mittels der X-Strahlen für Zwecke der Heilkunde nicht erschöpft. Es steht bereits fest, dass man auch Blasen- und Gallensteine mit ihrer Hilfe wird nachweisen können, ja bei späterer Vervollkommnung wird sie uns auch Aufschluss über die Gestaltung innerer weicher Organe geben können. ❐

fand ferner, dass die X-Strahlen auf die gewöhnlichen fotografischen Trockenplatten einwirken, und nahm eine Reihe der Schattenbilder fotografisch auf. Als er bei hellem Tageslichte seine Hand auf die geschlossene Kassette eines fotografischen Apparates legte und der X-Strahlung aussetzte, erhielt er auf dem in der Kassette eingeschlossenen empfindlichen Papier den Lichtabdruck der Hand, und zwar das Bild der Knochen und der Ringe, die frei um den Finger zu schweben scheinen. Die Weichteile lassen dies Licht durch, d.h. schwach sind auch sie gekennzeichnet, wogegen die Knochen scharf modelliert sind, ebenso wie die Ringe. Die Fotografie einer Damenhand nach diesem Verfahren von P. Spies in Berlin zeigt unsere Abbildung.

Die scharfen Umrisse sind besonders wichtig: Sie lassen erkennen, dass die X-Strahlung sich geradlinig fortpflanzt, dass keinerlei Beugung stattgefunden hat. Weitere Versuche ergaben, dass die X-Strahlung weder durch Wasser noch durch Prismen abgelenkt wird, und deshalb wird es auch nicht möglich sein, sie durch Glaslinsen zu brechen und zum Fotografieren mit den bekannten Apparaten zu benutzen. Die Bilder, die bis jetzt mit der X-Strahlung erhalten wurden, sind daher als Schattenbilder zu betrachten und nicht als Fotografien üblicher Art. Aber schon jetzt ist man zu der Hoffnung berechtigt, dass aus dieser Entdeckung nicht nur die Wissenschaft, sondern auch deren praktische Anwendung im Leben Nutzen ziehen werden.

• *J. S.*

Ein unfassbares neues Metall

Die Gartenlaube *1869*

Über die Aufsaugung von Gasen durch Metalle bei gewissen höheren Temperaturen oder unter Einfluss der Elektrizität sind von dem bekannten englischen Chemiker Graham eine Reihe interessanter Versuche angestellt worden. Die Metalle verhalten sich in den Graden ihrer aufsaugenden Kraft verschieden, allen voran aber steht da Palladium. Wird ein Blech oder Draht dieses Metalls in ein Glasrohr gebracht, die Luft herausgezogen und dafür trockenes Wasserstoffgas andauernd hineingeleitet, so absorbiert das Metall, wenn das Rohr dabei auf 100°C erhitzt wurde, davon das 950–980fache seines eigenen Volumens. Schon bei gewöhnlicher Sonnenwärme wird das 376fache verdichtet; dagegen bewirken Temperaturen über hundert Grad hinaus, je höher sie steigen, in zunehmendem Maße eine Wiederaustreibung bis zur gänzlichen Erschöpfung. Auf einfachere Weise wird die Sättigung des Metalls mit dem Gas erreicht durch Verbindung des ersteren mit dem Wasserstoffgas einer galvanischen Batterie, in welcher Wasser zersetzt wird. Das im Metall verdichtete Gas zeigt die ihm eigenen chemischen Reaktionen, aber energischer als unter gewöhnlichen Umständen; ein gasbeladenes Palladiumstäbchen entfärbt die blaue Jodstärke, das übermangansaure Kali bildet in einer Lösung von Blutlaugensalz Berlinerblau etc.

Also das leichteste aller Gase, das sich noch auf keine Weise zu einer Flüssigkeit verdichten ließ, befindet sich in den Poren eines Metalls in fast tausendfacher Konzentration, und es liegt nun die Frage nahe, in welchem Zustande es sich hierbei befinden möge. Man könnte wohl vermuten, die Wasserstoffatome möchten zu einer Flüssigkeit zusammengedrängt sein; Graham dagegen ist zu der Überzeugung gelangt, der Wasserstoff selbst sei nichts anderes als der Dampf einem höchst flüchtigen Metalls, welches sich unter den angegebenen Umständen mit dem Palladium zu einer ordentlichen Legierung zusammen tue und somit einen festen Bestandteil in derselben ausmache. In der Tat zeigt sich das mit dem Wasserstoff gesättigte Metall in seinen Eigenschaften dem entsprechend verändert: seine Dichtigkeit und Fähigkeit sind wesentlich vermindert, ebenso seine Leitungsfähigkeit für Elektrizität, wie dies bei Legierungen der gewöhnliche Fall ist. Dagegen erhält das Palladium, welches an sich sehr wenig magnetisch ist, durch die Verbindung mit Wasserstoff diese Eigenschaft in ansehnlichem Grade, ganz so, als sei es mit einem stark magnetischen Metall legiert worden. Auf diese Indizien hin hat Graham den Wasserstoff in die Reihe der Metalle gestellt und Hydrogeninm benannt. Dass man aber dieses flüchtige Wesen jemals in Form solider Barren in die Hände bekommen werde, ist undenkbar. Die Grahamschen Versuche sind von hohem Interesse, aber das daraus Gefolgerte ist zur Zeit noch Hypothese. ❐

Ein neuer Flaschenverschluss

Von Theodor Timpe in Magdeburg

NEUESTE ERFINDUNGEN UND ERFAHRUNGEN 1878

Dieser Verschluss eignet sich vortrefflich für Bier- und Mineralwasserflaschen; die letztere Flaschengattung mit diesem Verschluss ist nach geringer Übung unter jedem Mineralwasserapparat abzufüllen. Bei Apparaten mit Korkmaschine sind 1 bis 2 Korke zur Erzielung der nötigen Dichtung und Beseitigung des Hebels in den Trichter zu pressen.

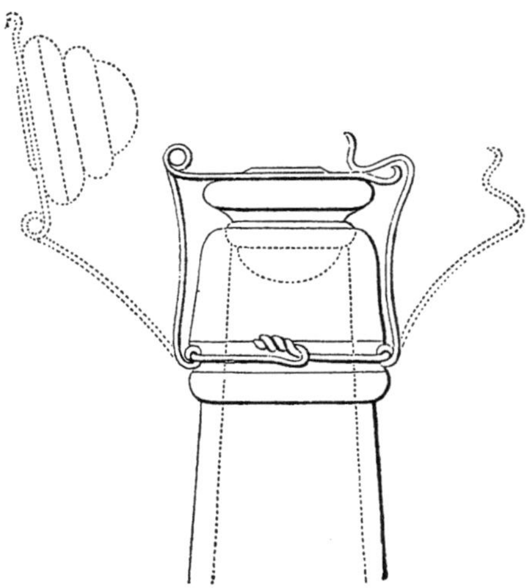

Das Wasser ist mit dem gewohnten atmosphärischen Druck abzuziehen. Bei geringer Übung ergeben sich die äußerst einfachen Handgriffe von selbst. Ein guter Arbeiter zieht in einer Stunde 400 Flaschen ab. Die passenden Flaschen mit der äußeren Rinne und dem konischen Innenhals liefert jede Glashütte zum gleichen Preis wie gewöhnliche Flaschen, oder mit sehr geringem Aufschlag. Das Anlegen der Verschlüsse ist so leicht, dass es selbst von Ungeübten sehr schnell erfolgt. Wie aus der vorstehenden Zeichnung ersichtlich, wird das Öffnen und Schließen des federnden Verschlusses durch Druck des rechten Daumen auf das Oberteil und Zurückschieben des Hakens bewirkt. Diese Verschlüsse, deren Oberteil auch mit beliebigen Namen versehen wird, sind zum Preis von 12 Mark pro Hundert ohne Flasche und 22 Mark pro Hundert mit halbweißer Glasflasche von der oben genannten Firma zu beziehen. ❒

Siebermann und Vanolis Messflasche für Arznei o. dgl.

Polytechnisches Journal *22.6.1887*

Fritz Siebermann und Ch. Vanoli in Freiburg i.B. bringen neuerdings eine Messflasche für Arzneimittel in den Handel, welche bestimmt ist, die in der Heilpraxis üblichen unsicheren Inhaltsangaben, wie Ess- oder Teelöffelinhalt o. dgl., durch bestimmte Abmessungen zu ersetzen; dabei ist der Flaschenstöpsel so geformt, dass ein Umgießen der Arznei erspart ist und letztere vielmehr unmittelbar eingenommen werden kann.

Wie aus der Abbildung zu ersehen, besitzt die Flasche ***F*** für die Arzneiflüssigkeit einen weiten Hals, der bei ***w*** kropfartig ausgebogen ist und in welchen der hohle, mit Teilung versehene Messstöpsel ***M***, dessen Inhalt der einzunehmenden Gabe entspricht, eingeschliffen ist. Unmittelbar über dem Boden des Stöpsels ist eine Öffnung ***b*** angebracht und oben der Stöpsel durch einen Korkstopfen ***K*** bis zur Abkröpfung ***a*** verschließbar. Beim Gebrauch wird der hohle Messstöpsel ***M*** so gedreht, dass seine Öffnung ***b*** dem Kropf ***w*** des Flaschenhalses gegenübersteht. Die Flasche wird sodann umgestürzt *(Abb. rechts)*, worauf die Flüssigkeit durch den Kropf ***w*** und die genügend große Öffnung ***b*** in den Messstöpsel einfließt, während die in letzterem enthaltene Luft auf gleichem Weg in die Flasche ausströmt. Hat sich der Messstöpsel gefüllt, so wird durch Drehung desselben in dieser umgestürzten Stellung die Verbindung mit der Flasche wieder unterbrochen, d.h. es wird die Öffnung ***b*** vom Kropf ***w*** entfernt. Nun wird die Flasche aufrecht gestellt *(Abb. links)*, worauf nach Entfernung des Korkens ***K*** die Flüssigkeit aus dem Messstöpsel getrunken werden kann. Die Hohlstöpsel und Messgefäße werden den ärztlichen Vorschriften entsprechend in verschiedenen Größen, wie z.B. 5cc (Teelöffel), 10cc und 15cc (Esslöffel) Inhalt, angefertigt. ❒

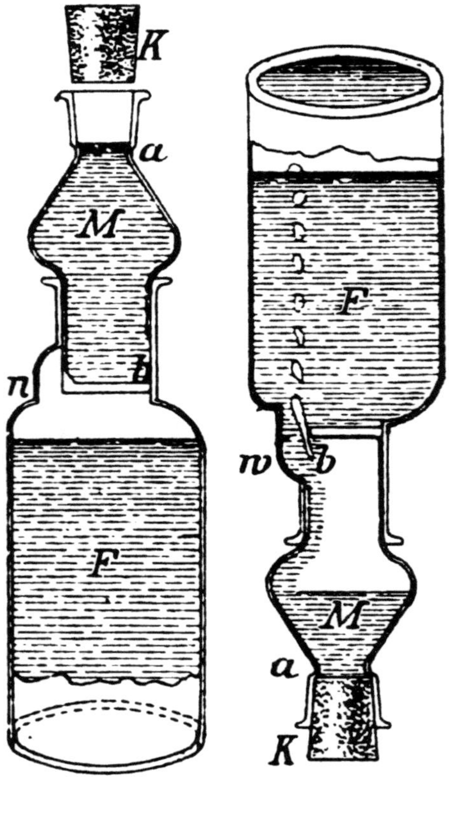

Die Eisenschmieden im Stubaital

Die Gartenlaube • 1870

Vom Wipptal, an dessen steil abfallenden Lehnen sich nun die großartige Brennerbahn hinwindet, zweigt wenige Stunden von Innsbruck gegen Südwest ein Quertal ab, das wegen seines landschaftlichen Reizes, wie wegen seiner Bewohner dem Touristen und Kulturhistoriker ein erhöhtes Interesse bietet. Es ist Stubai, nächst dem Ötztal wohl das schönste der nordtirolischen Seitentäler. Besonders der Einblick in dasselbe ist überraschend. Man genießt ihn am besten unweit der Höhe des sogenannten alten Schönberges, über dessen streng ansteigenden Rücken die frühere Brennerstraße führte und so dem Reisenden Gelegenheit bot, neben den keuchenden Postgäulen mit Muße das herrliche Bild zu betrachten. Denn gerade hier beim aufgelassenen Zollhäuschen, wo die von Goethe erwähnte majestätische Zirbel steht, sieht man das Tal wie eine natürliche Schaubühne offen ausgebreitet. Zwei gewaltige Felsentürme, der Sonnenstein und die hohe Säule, bewachen den Eingang desselben. An sie schließen sich als Fortsetzung beiderseits mächtige, unten bewachsene, oben kahle Bergkolosse, die sich wie riesige Kulissen, das Tal allmählich verengend, hintereinanderschieben. Den Hintergrund bildet über duftigen Vorbergen die Eiswelt der Stubaier und Ridnauner Gletscher mit ihren scharfgeschliffenen Hörnern und blendenden Schneefeldern, ein prachtvoller Gegensatz zu der unten liegenden grünen Talsohle voll blühender Wiesen und Felder, heller und dunkler Waldpartien, freundlicher Weiler und niedlich zerstreuter Einzelhöfe.

Mitten in dieser Idylle hat sich der wilde Rutzbach in tiefer Schlucht sein Bett ausgegraben und teilt Stubai in zwei ziemlich breite Mittelgebirge, die sich erst weiter innen zum eigentlichen Talgrunde verflachen. Auf dieser Mittelebene zu beiden Seiten des Bachbettes liegen die Dörfer Schönberg, Mieders, Telfes, Fulpmes und Neustift; dieses blickt noch mit seiner großen Kirche wie ein weißer Punkt aus dem innersten Talwinkel heraus. Dahinter beginnt die Enge des Bergtals. Doch ist diese innere Hälfte durchaus nicht unbewohnt; zahlreiche Weiler mit seltsam klingenden Namen, Mühlen und Hammerwerke beleben die wilde Bergeinsamkeit bis zur letzten Häusergruppe Ranalt. Von dort erst tritt man über Bergwiesen und saftige Almen in die Region des ewigen Eises mit allen ihren Schrecken und Schönheiten.

Unser Weg führt heute bloß bis Fulpmes, dem Hauptorte des Tals, berühmt durch seine Eisengeschmeidefabrikation. Da es etwas vertieft an das Bett des wilden Schlickbaches hingebaut ist, der seine Hammerwerke treiben muss, so kann man es von unserem Standpunkt beim Zollhäuschen, von dem wir gerade den Überblick des Tales genossen ha-

Schmiede in Fulpmes.

ben, nicht erschauen. Nur der rote Kuppelturm guckt vorwitzig über den vorliegenden Hügelrand. Fulpmes ist der Mittelpunkt des geselligen und gewerbtätigen Lebens in Stubai, und es verlohnt sich schon der Mühe, ihm einen Besuch abzustatten; zugleich gibt uns der Weg dahin Gelegenheit, Land und Leute etwas mehr anzuschauen. Wir steigen also noch die hundert Schritte bis zum Plateau des Schönberges; von dort gelangt man dann auf bequemer Straße in das Tal.

Auf der Höhe steht außerordentlich schön gelegen das alte Wirtshaus ›Zum Domanig‹ mit prachtvoller Aussicht ins Wipp- und Inntal. Es hat einst bessere Tage gesehen, als noch der Verkehr diese Route einhielt und Tausende von Postchaisen und schweren Frachtwagen, die dem Brenner zufuhren, hier haltmachten, dem guten Tropfen des bewährten Gasthauses zu ehren, und wir nehmen es auch dem wackeren Herrn Wirt nicht übel, wenn er etwas scheelsüchtig auf die Eisenbahn hinabschaut, die sich tief unten an der jenseitigen Berglehne des Silltals hinwendet und ihn täglich drei- bis viermal an die gute alte Zeit mahnt. Auch von trüben Tagen weiß der gesprächige Wirt zu erzählen, als hier Andreas Hofer Quartier hielt, und er erinnert sich noch ganz gut, wie dieser Bauernführer im ›Herrenstübele‹ mit seinen Leuten zu Mittag speiste und ihm zurief. *»Geh' herein, Büebel, und iss a an Knödel, dass d' stark wirst!«*

Das war am 11. April 1809, ehe es zum Sturm auf Innsbruck ging, das die Bayern besetzt hielten. Da waren die Stubaier auch nicht die Letzten, sondern stellten ihr Kontingent, dreihundertundfünfzig verwegene Schützen; die der alte Pfurtscheller Michele von Fulpmes anführte. Stubaier Waghälse waren es auch, die – ihrer Sechs – tags darauf vom Berg Isel herab ins Dorf Wilten drangen und die bayrischen Dragoner angriffen; sie büßten ihre Tollkühnheit mit dem Leben. Doch weg von diesem traurigen Bild, wo Tirol auf seine deutschen Brüder feuerte, eine Zeit, von der unser Hermann von Gilm singt:

»Mit dem Eisen eurer Pflüge,
Wo der Grund am tiefsten ist,
Grabt sie ein die alte Lüge
Von dem deutschen Bruderzwist.«

Wir drücken also dem wackeren Wirt die Hand und wenden uns taleinwärts gegen das nächste Dorf Mieders. Kühl und prickelnd weht uns die herrliche Gletscherluft entgegen, Nerven und Lunge stärkend, aber nicht so günstig der Vegetation, die unter diesem scharfen Anhauch leidet; daher kommt auch nur an sonnigen gesicherten Stellen des äußeren Talgrundes Weizen und sparsamer Mais zur Reife und der übrige Getreidebau besteht in Roggen, Gerste, Hafer und Erdäpfeln, ohne den Bedarf der Talbewohner zu decken. Bei Gasteig hört er ganz auf und macht den Heimwiesen Platz. Desto reicher und ausgedehnter sind die Alpen Stubais, die Elemente einer blühenden Viehzucht. Die Zahl der jährlich veräußerten Rinder steigt auf zweihundert; nicht minder steht die Zucht der Schweine und Schafe in Blüte, die durch ihre Ausfuhr dem Tal manchen Gulden eintragen, wozu noch der ›Grasvergelt‹ kommt, den fremdes Vieh den Weidenbesitzern abwirft. Daher trübt kein grelles Bild der Armut den ländlichen Frieden dieses reizenden Tales, das besonders in Mieders, in das wir jetzt treten, den Eindruck des Wohlstandes und der ländlichen Behäbigkeit macht. Die Häuser sind größtenteils aus Stein gebaut, die Gassen sauber und freundlich. Es ist einer der beliebtesten Sommerfrischorte, zu dem es die reine Luft, das frische Quellwasser und die entzückende Lage wie geschaffen haben. Dahinter erhebt sich die gewaltige Dolomitpyramide des Sonnensteins. Gegenüber, jenseits des Rutzbachs, leitet von Kreith aus ein lachendes Gelände den Berg entlang zum höchst malerisch gelegenen Pfarrdorfe Telfes. Es liegt hoch oben am Sonnenhange des Tales mitten in schönen Äckern und Wiesen, höher hinauf ziehen sich grüne von Lärchenstämmen unterbrochene Bergmähder.

Eine grauenvolle Schlucht, durch die der Rutzbach sein wildes Wasser zwängt, trennt die beiden Ufer. Durch die wüste Tiefe gelangt man auf rauem Weg hinüber zum genannten Ort, wenn nicht etwa die Fluten, wie es öfter bei Regengüssen oder Hochgewittern geschieht, die Holzbrücke fortgerissen haben. Denn die entfesselten Elemente hausen hier furchtbar, wie zahlreiche Spuren der Zerstörung beweisen. Den Boden bedeckt hergeschwemmtes Gerölle, dazwischen liegen mächtige Felsblöcke, die die Gewalt des Wassers mit sich geführt, riesige Fichtenstämme, wie Halme geknickt, und Ruinen von Häusern, die einst hier gestanden, vollenden das schaurige Bild, das durch das Dunkel der es umgebenden Fichtenwaldungen nur noch mehr hervorgehoben wird.

Etwa eine Viertelstunde nach Mieders kommen wir durch das liebliche Mühltal. Am rauschenden Waldraster Bache stehen einige Mühlen und Sägen, zwischen Obstbäumen und Gebüsch gar anmutig gruppiert. Von hier aus geht es durch einen wunderschönen Lärchenwald. Allmählich steigt das Flussbett an und wird mit den beiden Mittelebenen zu einer ziemlich breiten Talsohle vereinigt. Hart neben uns schäumt in breitem Bett die Rutz. Jetzt nahen wir uns der Holzbrücke, die uns auf das linke Ufer führt, an dem die ersten Vorposten von Fulpmes sichtbar werden. Schon von weitem kündet sich der Fabrikort durch die rauchenden Schlote und durch das dumpfe Gepolter der Hammerwerke an. Je näher wir kommen, desto geschäftiger wird das Treiben und der Lärm; das Wasser braust, die Räder knarren; aus 67 Gewerken tönt der Hammer, der 200 rüstige Gesellen in Atem hält. Freilich gegen die Regsamkeit einer bevölkerten Fabrikstadt verschwindet das Getreibe dieser arbeitenden Schmiede, aber in unserem abgeschiedenen Tale ist dieser Anblick ungewohnt und kontrastiert mit dem Frieden der Umgebung.

Fulpmes liegt eng am Bett des wildflutenden Schlickbaches, der quer von den Kalkwänden des hohen Burgstall herabstürmt und die Gewerke dieses Ortes belebt. Die Häuser sind fast durchgängig von Stein und zeichnen sich durch viele Gewölbe und altertümliche Bauart aus, besonders ist dies in der ›Herrengasse‹ der Fall, welche deutlich die Spuren einstiger Bergwerksgebäude verrät. Gewiss ist, dass vor Jahrhunderten die Eisengruben des Schlicktals in Betrieb waren, bis der Sage nach ein Elementarereignis den Eisenbau plötzlich beendete. Diesem Umstande verdankt die Eisenindustrie von Fulpmes ihre Entstehung, die sich bis ins 16. Jahrhundert zurückführen lässt. Die Haupterzeugnisse sind Kunstpfannen, Stemmeisen, Bügeleisen, Hacken, kurz, alle Arten von Küchen- und Ackerbaugerätschäften; besonders die Messer, Wein- und Raupenscheren und Fußeisen erfreuen sich noch jetzt eines weit verbreiteten Rufes. Nur optische und musikalische Instrumente sind ausgeschlossen. Anfänglich bestimmt, die Bedürfnisse des Tals zu decken, überschritt bald der Handel mit Eisenwaren die Grenzen Stubais und Mitte des 17. Jahrhunderts wurden die Fabrikate schon durch kräftige Burschen auf Kraxen außertals von Ort zu Ort getragen. Man zog nach Österreich, Ungarn, Böhmen, Polen, Bayern, Baden, Württemberg, in die Lombardei, ja bis in die Levante. Dazu gehörten allerdings die eisenfesten Schultern eines Stubaier Bauern, um solche Lasten landaus, landein zu schleppen. Die Volkssage spricht von drei baumstarken Brüdern Tanzer aus Neustift, von denen einer – der Georg – einmal mit acht Zentnern Eisenwaren auf dem Rücken beim Mauthaus von Schaffhausen angekommen sein soll. Bald sah man jedoch ein, dass der Warentransport zu Wagen sich besser rentiere als das Hausieren, und in den letzten zwei Decennien des 17. Jahrhunderts waren schon 1680 Fuhren jährlich in Bewegung.

Dorf Fulpmes im Stubaital.

Da sich der Handel durch wohlberechnete Spekulation immer mehr erweiterte und infolge der gesteigerten Anforderungen die Kapitalien des Einzelnen nicht mehr hinreichten, so entstanden Handlungskompanien und wurden Niederlagen im In- und Ausland etabliert, die von den Mitgliedern der Gesellschaft von Zeit zu Zeit besucht wurden. Diese trugen dann einen langen Rock von feinem blauen Tuch, Beinkleider aus feinem Manchester mit grünen Hosenträgern, schwarzseidene Halstücher und grüne Hüte. Kamen sie wieder in ihr Tal, so ward die Kleidung gleich wieder mit der schönen einheimischen Tracht vertauscht: violette Joppe, hochrote Weste mit goldübersponnenen Knöpfen und Zwickeln, schwarze Lederhosen mit grünen Tragbändern, auf dem Kopf der gelbe mit grüner Seide ausgeschlagene breitschattige Hut.

Den größten Aufschwung nahm Fabrikation und Geschäft der Stubaier, als das Jahr 1804 den Kommissionshandel ins Leben rief, und an die Stelle der Reisen die Korrespondenz trat. Doch ging der Hausierhandel lebhaft nebenher. Der alljährlich konsumierte Rohstoff von Eisen, Blech und Draht stieg gegen 4000 Zentner, den 29 Groß- und Hammermeister und gegen 60 Kleinmeister mit ihren Gesellen verarbeiteten. Man bezieht den Bedarf fast nur aus Kärnten und Steiermark, kaum ein Neuntel aus Tirol, da das Eisen aus letzterem einesteils zu grob, anderseits zu teuer ist. Messing, Kupfer und Tomback[1] liefert Achenrain bei Rattenberg, die Kohlen Stubai selbst, Ebenholz, Elfenbein, Schildkrot, Perlmutter, Silber, Schmirgel etc. kommt von allen Seiten. Man kann die Gesamtauslage für das Rohmaterial auf 65000, den Gewinn zur Zeit der Blüte auf 115000 Gulden anschlagen, der immerhin ein erfreulicher und nennenswerter ist, wenn man bedenkt, dass dies Alles bloß Handarbeit ist, und nicht gerade die Verhältnisse eines Krupp zum Maßstab machen will. Der Gewinn wanderte größtenteils wieder ins Tal zurück und wurde nach dem Maßstabe des eingelegten Kapitals an die Mitglieder der Gesellschaft verheilt, die ihn meist zum Ankauf eines Grundstücks verwendeten, wo sie an der Seite eines einheimischen Weibes behaglich ihre alten Tage zubrachten. Im Verlaufe der Zeit ist allerdings manches anders geworden; das Wandern hat fast ganz aufgehört und die meisten Händler haben sich, gleichgültiger gegen die Heimat, mit ihrem Vermögen im Ausland niedergelassen. Gegenwärtig weilen nur noch zwei bedeutende Handelsfamilien in Fulpmes, die geachteten Firmen Pfurtscheller und Hellrigl, wegen ihrer Solidität im In- und Ausland geschätzt. Letzterer, der unternehmende Peter Hellrigl gab in der jüngsten Zeit der Eisenindustrie Stubais einen neuen Schwung durch die Fabrikation dauerhafter, aus einem Stück gepresster und silberblank verzinnter Küchengeräte, während diese früher nur durch Hammerwerke erzeugt werden konnten. Diese beiden Firmen repräsentieren den ganzen Eisenwarenhandel Stubais. Ihre Niederlagen sind zugleich Ablagerungsstätten der übrigen Groß- und Kleinschmiede des Tales, von denen sich acht in Neustift, sieben in Telfes und Plöven, fünf in Mieders befinden.

Man kann sich nicht leicht einen malerischeren Anblick denken, als den einer solchen Kleinschmiede, die für das Landschaftsbild die wünschenswerteste Staffage bildet. Das Innere der Werkstätte ist tief geschwärzt, der Raum ungewöhnlich hoch, das Licht bricht von oben durch geöffnete Läden und glitzert auf dem blanken Amboss und den Hämmern. Ein rußiger Geselle drängt

1) Ein aus Kupfer und einem geringen Anteil Zinn oder Zink bestehendes Metallgemisch.

uns plötzlich auf die Seite, ein gewaltiges Stück durchglühten Eisens in der Hand – ein Ruck an einem eingehackten Strick – draußen rauscht das Wasser stärker – und der größte Hammer hebt sich und fällt mit donnernden Schlägen auf das untergeschobene Eisen; man meint, die Felsstücke müssen bersten, in dem die Ambosse ruhen – der Boden zittert – und der ganze schwere Holzbau kracht in seinen Fugen; ruhig aber, seine Pfeife im Munde und von den Funken umsprüht, steht der markige Geselle; unter wohlberechneten Drehungen hat sein Eisen die bestimmte Form erhalten, er hängt den Strick wieder ein, und unbeweglich ruht der Hammer. In gleichmäßiger steter Bewegung bleibt nur das Rad, welches vermittelst einer Welle die Blasebälge hebt und drückt. Im hintersten und dunkelsten Teil der Werkstatt dreht sich langsam und wuchtig ein Schleifstein, so groß wie ein Mühlstein; vor ihm, über und über mit dem Schlamm des Steines beworfen, sitzen zwei Männer auf Schwungbrettern, welche bis ziemlich zur Mitte des Steines reichen; das Eisen, welches sie unter dem Brett anlegen und mit allem Kraftaufwand mit diesem zugleich gegen den knirschenden Stein drücken, ist nur roh geschmiedet und trotz des reichlich zufließenden Wassers sprühen Funken umher; es ist eine harte Arbeit, vermittelst welcher die so zum Schneiden bestimmten Artikel, wie Pflugschar, Sensen, Äxte und Werkzeuge der verschiedensten Handwerke, aus dem Gröbsten zugeschliffen werden. In einem anderen, eine Stiege höher befindlichen Raum finden wir eine Reihe kleinerer, feiner, schnurrender Schleifsteine; hier bekommen die Artikel das glänzende Aussehen, und hier werden auch die Schneiden vollendet.

Neben der eigentlichen Werkstatt sind noch kleine abgeänderte Räume, in denen gefeilt und die nötige Schlosserarbeit geliefert wird; seitwärts führt ein schmaler Gang in ein freundliches Zimmer, wo junge Mädchen und Kinder bei lustigen Liedern die letzte Hand ans Werk legen; dort entsteht die glitzernde Politur der feinen Artikel, die einzelnen Teile werden durch Schräubchen zusammengesetzt, die fertigen Gegenstände verpackt u. dgl.

Noch einmal gehen wir zurück, um das hübsche anregende Bild der Werkstatt zu überschauen – da klingt ein helles Glöckchen durch das Hämmern und Prasseln hindurch –ein Ruck des Altgesellen an einer herabhängenden Schnur, die Räder draußen stehen still, das Wasser verläuft sich, die Feuer sinken auf dem Herd zusammen – es ist Mittag.

Die Werkstatt ist verlassen; draußen im Dorfe läutet die Glocke den Mittagssegen – der alte Meister aber mit seinen Gesellen steht, die Hände gefalten, um den einfachen Tisch – die helle Stimme der Schaffnerin des Hauses betet vor und tiefen Tones fallen die Männer in den altherkömmlichen Segen ein …

Der Hauptherd der Fabrikation bleibt immer Fulpmes, dem die ergiebige Wasserkraft des Schlickbaches zur Verfügung steht. Leider hat dieser Brotvater oft schlimme Launen und bedroht bei heftigen Gewittern nur zu oft die gewerbetätigen Stätten mit arger Verwüstung. So riss er im Jahre 1807 einundzwanzig Wohnhäuser und Schmieden weg, und die Schreckensnächte des letzten Herbstes sind noch in frischem Gedächtnis. Überhaupt ist Stubai gefährlichen Hochgewittern mit Wolkenbrüchen sehr ausgesetzt. Gegen die vernichtende Wut des entfesselten Elementes hilft kein Wehren und Dämmen. Schauerlich wimmert dann die Sturmglocke von Ort zu Ort; wie losgerissene Ungetüme fluten die hochgeschwellten Wasser mit donnerähnlichem Gebrause einher, Häuser, Ställe, Brücken mit sich fortreißend, während pechschwarze Nacht über dem Tal liegt. Und solche Unglücksfälle ereignen sich mehr oder minder fast jedes Jahr und sind besonders den tiefer drinnen liegenden Ansiedelungen verderblich, denen sie das gute Erdreich von Wiese und Acker wegschwemmen, so dass die Getroffenen dasselbe handvollweise sammeln und in Körben auf die verödete Stelle tragen müssen. Trotz dieser und anderer Drangsale, wie sie fast jedes tirolische Tal mit sich bringt, sind die Stubaier ein fröhliches, aufgewecktes Völkchen, das auf Zucht und Sitte hält, aber nach getaner Arbeit gerne lebt, singt und einen lustigen Kirchtag feiert. Wer ein gesundes Volksleben sehen will, der komme nach Fulpmes, am besten an einem Feiertag, wenn die brausenden Räder und die polternden Hammerwerke schweigen und ein sonntäglicher Frieden über dem Dorfe ruht. Da sieht man sie dann stehen, die Ehrenmänner mit den schwieligen Händen, ihre kurzen Holzpfeifen im Mund, in Gruppen vergnügt plaudernd oder vorübereilende Dirnen neckend. Wer möchte in diesen schmucken Burschen mit den blutroten Nelken und der Trutzfeder am Hut die rußigen Gesellen erkennen, die noch gestern an der prasselnden Esse die wuchtigen Hämmer schwangen! Aus dem Wirtshaus aber tönt heller Jubel, Tanz und Gesang:

»Lustig wir Schmiedler,
Müssen uns plagen,
Müssen die Guldenzettel
Aus dem Eisen auserschlagen.«

Der gellende Juchzer darauf beweist, dass die harte Arbeit den guten Humor nicht verdorben hat.

• *Dr. Ludw. v. Hörmann*

Reklame von 1918.

Postwertzeichen-Automaten

Verkehrstechnische Woche • 3.4.1909

Bereits im Jahr 1880 hat die Reichs-Postverwaltung deutsche Erfinder zur Konstruktion einer Maschine angeregt, die den Markenverkauf automatisch in einwandfreier, stets gleich sicherer Weise leistet. Die hierauf dem Reichspostamt vorgeführten Maschinen wiesen aber große Nachteile auf. Bei allen Systemen, die ersonnen wurden, bedurfte man einer so vielseitigen Mitarbeit des Publikums, dass dadurch die Zuverlässigkeit der Maschine gestört, und die automatische Verausgabung der Marke aber auch derart verwickelt wurde, dass eine Ersparnis an Zeit und für die Postverwaltung eine Ersparnis an Kosten nicht zu erreichen war.

Dem Ingenieur Abel war es vorbehalten, als erster den Weg zu beschreiten, den Automaten nur durch Münzeneinwurf in Betrieb zu setzen. Er führte vor nunmehr acht Jahren als Ergebnis mehrjähriger Versuche der deutschen Regierung den ersten Postwertzeichen-Automaten vor, der – durch Münzeneinwurf in Betrieb gesetzt – hierbei allerdings auch noch durch äußere, an Handgriffen wirkende Mittätigkeit des Publikums unterstützt wurde. Immerhin bedeutete bereits dieser, im Vergleich mit dem heutigen Abel-Automaten noch recht unvollkommene Apparat, einen so wesentlichen Fortschritt gegenüber den bisherigen Systemen, dass das Reichspostamt beschloss, die ersten öffentlichen Versuche Postwertzeichen automatisch auszugeben, mit diesem Apparat vorzunehmen. Der Automat war, obgleich er noch eine umfangreiche Mitwirkung des Käufers bei der Verausgabung der Marke bedingte, das Beste, was bisher auf diesem Gebiet geschaffen worden war, und die meisten der Automaten anderer Systeme, die bis in die jüngste Zeit hinein vorgeführt wurden, stehen noch heute hinter diesem von Abel vor acht Jahren erfundenen Modell zurück.

Das Reichspostamt bekundete für die Erfindung des Ingenieurs Abel von Anfang an lebhaftes Interesse und äußerte sich über den Verlauf der ersten Versuche – während deren Durchführung Abel bereits Verbesserungen an seinem System ersonnen hatte – am 20. August 1902 dahin, dass die Erfahrungen, die mit dem Automaten nach System Abel bisher gemacht worden seien, im allgemeinen nicht als ungünstig bezeichnet werden könnten, man müsse jedoch zur Benutzung des Apparates beide Hände gebrauchen, und dieser Umstand mache es untunlich, den Apparat allgemein zur Einführung zu bringen. Es müsse deshalb abgewartet werden, wie sich das in Aussicht gestellte zweite Modell bewähren werde.

Dieses zweite Modell war dem ersten bereits in vielen Punkten überlegen, doch musste man sich auch hier noch einer Hand bedienen, um die Briefmarken nach Einwurf des Geldstückes zu empfangen. Die Erfahrungen, die mit dem zweiten Modell gemacht wurden, führten zur Herstellung des dritten Modells (1905) mit Münzfenster. Das Münzfenster, in dem die fünf zuletzt eingeworfenen Geldstücke sichtbar sind, stattete den Automaten mit einer für Außenstehende sichtbaren Kontrolle über die Beschaffenheit der eingeworfenen Münzen aus, die der Automat, allerdings schon vor Erreichung des Münzfensters beschlagnahmte, wenn ein Falschstück eingeworfen wurde.

In der vortrefflichen Ausgestaltung des Münzprüfers, der jeden Betrugsversuch misslingen ließ, bestand der wesentlichste Fortschritt des Modells, das aber auch noch mit einer vor Empfang der Marke in Bewegung zu setzenden Zugstange ausgestattet war. Dieses dritte Modell wurde auf Veranlassung des Staatssekretärs des Reichspostamtes, Exzellenz Krätke, beim 6. internationalen Postkongress in Rom im Mai 1906 den dort vereinigten Vertretern der obersten Postbehörden sämtlicher Kulturstaaten vorgeführt und fand allseitig Anerkennung. Nach diesem dritten Modell konstruierte Automaten arbeiteten sowohl bei einer Reihe von Postämtern in Berlin als auch bei Postämtern und auf Bahnhöfen außerhalb Berlins zufriedenstellend und befriedigten die Reichspost-Verwaltung durchaus, so dass sie entschlossen war, diesen Automaten allgemein einzuführen. Die Erfinder empfahlen jedoch hiermit noch zu warten, bis die Versuche ein viertes Modell zu schaffen, bei dem auch die letzte Mitwirkung des Publikums durch Beseitigung der Zugstange aufgehoben werden sollte.

Gegen Ende des Jahres 1906 gelang es durch Anwendung eines Federmotor-Antriebes auch diese Aufgabe zu lösen, so dass bei dem nach dem letzten und endgültigen Modell 4 konstruierten Abelschen Automaten das eingeworfene Geldstück den Motor auslöst, der dann selbsttätig die entsprechende Marke oder Karte verabfolgt.

Der Briefmarken-Automat *(s. Abb.)* besteht im Wesentlichen aus folgenden Teilen: ***a*** ist der Federmotor, der durch eine aufsteckbare Kurbel ***b*** aufgezogen wird. Vom Motor ***a*** geht eine Antriebskette ***c*** nach dem Markengeber ***d***, in den der auf der Rolle ***e*** aufgewickelte Markenstreifen ***f*** eingeführt ist. Das eingeworfene Geldstück gelangt durch den Münzprüfer ***g*** in die Gleitrinne ***h*** und bewegt an deren Ende den Auslösehebel ***i***, wodurch das Laufwerk k ausgelöst wird. Nach dem Durchfallen des Geldstückes durch die Auslösungs-Vorrichtung gleitet es auf der Schiene ***l*** in das Münzfenster m und fällt nach der fünften Betätigung des Apparates von dort in die Geldkassette ***n***. Wird das Geldstück in den Schlitz des Münzprüfers geschoben, so löst es also, falls es kein Falschstück ist, das Triebwerk des Motors aus, der seine Drehung durch die Kette ***c*** auf den Markengeber ***d*** überträgt. Durch eine in diesem befindliche Transport- und Regelungs-Vorrichtung wird der Markenstreifen stets nur um eine bestimmte Länge von der Rolle ***e*** abgewickelt und die gekaufte Marke an der Perforation durch ein Messer abgeschnitten. Die abgetrennte Marke fällt nun in den Markenschacht ***o***, von wo sie durch den Käufer entnommen werden kann.

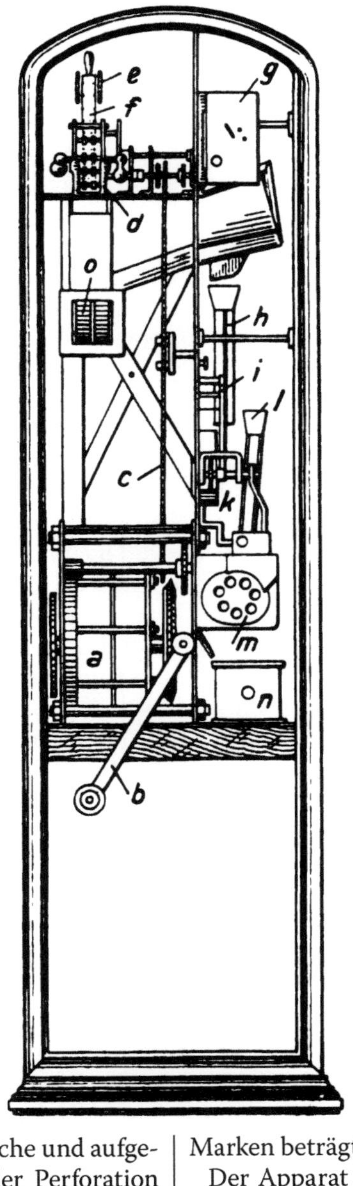

Mit diesem Modell 4 des Abelschen Postwertzeichen-Automaten war nach achtjähriger Arbeit die Frage des automatischen Verkaufs von Postwertzeichen in der denkbar vollkommensten Weise endgültig gelöst. Es war nunmehr der Apparat geschaffen, der, auch im Freien aufgestellt, von Witterungseinflüssen unabhängig, auf das genaueste am Band befindliche und aufgerollte Marken stets an der Perforation abtrennt, obgleich die Briefmarken in der Länge nicht immer mathematisch genau übereinstimmen. Der Käufer hat weiter nichts zu tun, als nach Einwurf der Münze die unter das Markenfenster fallende Briefmarke aufzunehmen.

Der Apparat reagiert nur auf die bestimmte Münzsorte, für die er eingerichtet ist. Falschstücke, wie Blei, Eisen oder Aluminium gibt er infolge der sinnreichen Konstruktion seines Münzenprüfers zurück, ohne auf diese zu reagieren oder dadurch gestört zu werden. Wenn mehrere Münzen der vorgeschriebenen Geldsorte schnell hintereinander eingeworfen werden, so wirkt der Automat, als ob nur eine Münze eingeworfen worden wäre, gibt also die für eine Münze vorgeschriebene Zahl Postwertzeichen aus und gibt gleichzeitig die übrigen Münzen zurück. Der Automat zeigt an einer beliebig zu bestimmenden Stelle, die vom Orte seiner Aufstellung mehrere Kilometer entfernt sein kann, durch einen elektrischen Fernanzeiger selbsttätig an, wenn sein Markenvorrat, der beliebig groß sein kann und in der Regel 500 10-Pf-Marken oder 1000 5-Pf-Marken beträgt, ausverkauft ist.

Der Apparat bedarf zu all dieser, den Schalterdienst des Postwertzeichen verkaufenden Postbeamten vollständig ersetzenden Tätigkeit in keiner Weise der Mitwirkung des Postwertzeichen-Käufers.

Er arbeitet mit der Genauigkeit und Zuverlässigkeit eines guten Uhrwerks, übt bei Versuchen mit Falschstücken die Kontrolle eines aufmerksamen Kassierers aus, gibt nicht eine Marke mehr aus, als ihm bezahlt wird, und ist an Werk- und Feiertagen Tag und Nacht für den Bedarf des Publikums dienstbereit. Letzteres ist des lästigen Wartens in überfüllten Posträumen und des Gedränges an den Postschaltern enthoben. Der Automat gibt in einer Minute 25 Briefmarken aus, und bei den bescheidenen Raumansprüchen, die er stellt, findet sich allenthalben an Post-, Bahnhofs-, Hotel- und sonstigen starkbesuchten Gebäuden für ihn ein geeigneter Platz. Der Briefmarken-Automat Modell 4 hat nämlich bei einer Höhe von 175 cm, einer Breite von 50 cm und einer Tiefe von 35 cm nur ein Gewicht von 147 kg und der Postkarten-Automat bei denselben Abmessungen ein Gewicht von 153 kg.

Das Publikum hat die Vorzüge des automatischen Postwertzeichen-Verkaufes sofort erkannt, und die Statistik der nun schon zahlreich aufgestellten Automaten beweist, wie umfangreich sie vom Publikum benutzt werden, und welche Fülle von Arbeit sie aus den Räumen und von den Schaltern der Postanstalten hinweg auf sich übernommen haben. Ein in Frankfurt (Main) aufgestellter Briefmarken-Automat verausgabt täglich rd. 1500 Briefmarken. Von 35 im Gebiet der deutschen Reichs-Postverwaltung mit je 3 Automaten ausgestatteten Postämtern wurden seit Aufstellung der Automaten bis zum 1. April 1908 15 300 000 Postwertzeichen automatisch verkauft, das ergibt für ein Postamt 437 143 Verkäufe oder etwa 600 Verkäufe für einen Automaten und einen Tag. Auf diese 15 300 000 Verkäufe entstand durch fremde Geldstücke ein Ausfall von 0,005 % gegen 0,08 % Ausfall beim Handverkauf am Schalter. Gleich günstig lautet die Statistik bei allen anderen mit Automaten ausgestatteten Postämtern.

Die amtliche Statistik für das Halbjahr vom 1. April bis 30. September 1908 ergibt, dass in dieser Zeit 46⅔ Satz Automaten verkauft haben: 4 128 851 Stück 5-Pf-Briefmarken, 1 597 209 Stück 10-Pf-Briefmarken und 1 815 669 Postkarten, wobei somit der Gesamterlös den Betrag von 456 946,90 *M* erreichte. Jeder Satz hatte also einen Umsatz von durchschnittlich rund 10 000 *M*, welche Zahl jedoch sich noch bedeutend höher stellen würde, wenn nicht ein großer Teil der Automaten erst im Laufe der Beobachtungszeit aufgestellt und in Betrieb genommen wäre, also erst während eines Teils der Zeit in Tätigkeit war.

Hatten die Versuche mit dem Modell 3 des Abelschen Postwertzeichen-Automaten bereits vollauf befriedigt, so war es selbstverständlich, dass das so vollkommenere Modell 4 bei den Postbehörden aller Kulturstaaten ungeteilten Beifall finden musste. Die deutsche Reichs-Postverwaltung hat am 26. Oktober 1907 mit der für die Verwertung des deutschen Patentes gegründeten deutschen Tochtergesellschaft der Internationalen Abelschen Postwertzeichen-Automaten-Vertriebs-Gesellschaft m. b. H. (Jabaog) einen Vertrag abgeschlossen, nach dem der nach Modell 4 konstruierte Postwertzeichen-Automat im Gesamtgebiete der Reichs-Postverwaltung zur Einführung gelangt.

In Hamburg, Stuttgart, München, Düsseldorf, Kreuznach, Frankfurt (Main), Dresden, Leipzig. Breslau, Stettin, Bremen, Magdeburg, Neuenahr, Norderney, Guben, Neumünster, Flensburg, Kiel, Essen (Ruhr) und zahlreichen anderen Städten sind inzwischen die Automaten aufgestellt worden; sie haben überall die in sie gesetzten Erwartungen erfüllt.

Eine Beschleunigung wird die Ausbreitung der Automaten noch durch den jetzt bevorstehenden Beschluss erfahren, den im Inneren der Automaten noch reichlich verfügbaren freien Raum zum Einbau von Briefkasten usw. zu verwenden, so dass dem Publikum in unmittelbarem Zusammenhang mit der Verkaufsstelle der Briefmarken auch die Aufgabestelle für seine Briefe zur Verfügung steht. Der mit Briefkasten versehene Postwertzeichen-Automat wird ein überall leicht zu errichtendes Postamt für sich darstellen, das zwei wichtige und die am meisten vom Publikum begehrten Dienstleistungen ausführt, nämlich den Postwertzeichen-Verkauf und die Briefannahme.

• *Ober-Postpraktikant Schikorowski*

Automatischer Billetverkauf

Verkehrstechnische Woche • 8.5.1909

Ein dem Verkauf von Postwertzeichen gleich mechanischer Vorgang ist die Verausgabung von Billetts, die stets auf denselben Betrag lauten, gleichviel ob sie für Straßenbahnen, Stadtbahnen oder Einlasszwecke irgendwelcher Art verausgabt werden. Der Wunsch, auch diese mechanische Arbeit durch Maschinen verrichten zu lassen, ist ebenso alt wie die Versuche des automatischen Postwertzeichen-Verkaufs. Wenn der automatische Billettverkauf bereits weiter vorgeschritten erscheint, wie der automatische Briefmarken-Verkauf vor der Erfindung des Abelschen Postwertzeichenautomaten, so liegt dies an der Beschaffenheit des Billetts, das eine greifbarere Form aufweist wie die Briefmarke. Wenn der Stand des automatischen Billettverkaufes nur als scheinbar weiter vorgeschritten bezeichnet wird, so geschieht dies mit Bedacht, denn tatsächlich konnte man vor Erfindung des Abelschen Postwertzeichenautomaten Billetts automatisch nur verkaufen, wenn man sie aus sehr fester, 0,7 – 0,9 mm starker Pappe herstellte, also aus Pappstücken, die aufeinandergeschichtet im Automaten in einem oder mehreren Schächten untergebracht sein mussten und einzeln von oben oder unten abgestrichen wurden.

Alle diese Stapel-Automaten können nur eine geringe Anzahl Karten aufnehmen, weil sonst der unter den Karten befindliche Abstreifer durch das Gewicht der Karten zu stark belastet wird. Bei einem Apparat mit aufsteigendem Stapel, der Karten von oben abstreift und verausgabt, wird der Stapel nur bei der verschieden starken Belastung ungleichmäßig stark nach oben gedrückt; die Karten werden infolgedessen entweder gar nicht oder in verletztem Zustande verausgabt. So erklärt sich das fortgesetzte Versagen aller derart oder ähnlich konstruierten Automaten, die, abgesehen von den Fehlern ihrer Konstruktion, auch noch mit elementaren Schwierigkeiten zu kämpfen haben, die bei diesem Prinzip des automatischen Verkaufes kaum zu beseitigen sein werden, denn die aus starker Pappe bestehenden aufeinandergeschichteten Billetts verändern ihr Volumen bei feuchtem Wetter durch Aufnahme von Feuchtigkeit so erheblich, dass der Apparat auch hierdurch in seinen Funktionen gestört wird. Die Billetts aus starker Pappe sind auf beiden Seiten mit Papier beklebt. Infolge von Feuchtigkeits-Aufnahme trägt auch der Klebestoff zur Veränderung des Volumens der Billetts bei. Die erst warm und dann kalt gelagerten Billetts, die im letzteren Fall also der Feuchtigkeits-Annahme ausgesetzt sind, weisen bei einem Stapel von 100 Stück einen Stärkeunterschied von 25 – 30 mm auf.

Diese Schwierigkeiten und die Beschränkung automatischer Leistung sind bei dem Billettautomaten nach dem Abel-System beseitigt: Denn das Billett wird genau wie die Briefmarke von der Rolle verkauft, es hat auch nur die Stärke einer Briefmarke. Hieraus ergibt sich, dass die Anzahl der Billetts, mit denen der Automat auf einmal gefüllt werden kann, nach oben fast unbegrenzt ist. Eine Billettrolle kann 8000 bis 10 000 Billetts enthalten; der Apparat arbeitet mithin 10 – 12 mal so lange, ohne wie die bisherigen Automaten menschliche Bedienungskräfte zu beanspruchen. Um einen der bisher gebräuchlich gewesenen Automaten mit seinem Fassungsvermögen – 600 Billetts – auszustatten, bedarf es, da die Billetts in Stapeln von je 100 Stück zusammengebunden aufbewahrt werden, eines zwölfmaligen Zugreifens des Beamten und der Lösung von 6 Schnüren. Eine Menge von 10 000 Billetts bedarf also bei solchen Automaten etwa 200-maligen Zugreifens des Beamten und etwa 15-maligen Öffnens und Schließens des Automaten, während beim Abel-Billett-Automaten 10 000 Billetts mit einem Male durch einfaches Aufstecken der Rolle eingelegt werden. Witterungsverhältnisse können die Funktionen des Rollen-Billett-Automaten selbstverständlich in keiner Weise beeinflussen: er verausgabt ohne Störung 25 Billetts in der Minute.

Die verschiedenen Erleichterungen und großen Ersparnisse, die der Billettverkauf von der Rolle überhaupt in sich schließt, hat Amerika längst erkannt, das heute bereits Billetts im Handbetrieb von der Rolle verkauft. Im Verkauf des Billetts von der Rolle und der Verwendung eines biegsamen, dünneren Kartons anstelle der starken Pappe liegt zunächst schon eine wesentliche Papierersparnis, die bei dem Massenverbrauch von Billetts bei allen Bahnen der Welt das Unkostenkonto erheblich entlasten würde.

Die Berliner Stadtbahn hat im Jahre 1907 etwa 139 000 000 Billetts ausgegeben. 1000 Stück Billetts aus starker Pappe mit Druck werden mit etwa 90 Pf bezahlt. Das Billett aus Karton kostet etwa 60 Pf für tausend Stück. Dieser Preisunterschied würde also der Berliner Stadtbahn im Jahre 1907 eine Ersparnis von etwa 41 000 ℳ gebracht haben, wenn sie das Billett von der Rolle am Schalter verkauft hätte. Beim Verkauf durch den Automaten, der in der Minute 25 Billetts, also mindestens so viel wie ein Beamter verkaufen kann, kommt noch die Personal-Ersparnis und die Möglichkeit, den Andrang an den Schaltern durch Errichtung zahlreicher automatischer Ausgabestellen zu vermeiden, hinzu. Wesentliche Etatentlastungen wird aber auch die Vereinfachung der Kontrolle bringen, da die Bestandsfeststellungen der nummerierten, noch an der Rolle befindlichen Billetts einfach durch Ablesen der Nummern des nächstzuverkaufenden Billetts an der Rolle erfolgen kann.

Für die Kontrolle der Billettbestände besoldet die Preußische Staatsbahn etwa 1000 Beamte, die ein Jahresgehalt von ungefähr 2500000 ℳ beziehen. Mehr als die Hälfte dieser Ausgabe kann durch die Vereinfachung der Kontrolle erspart werden, die der Billettverkauf von der Rolle und durch den Abel-Automaten ermöglicht.

In Amerika hat man, wie bereits erwähnt, schon lange den in Europa noch herrschenden Brauch, einzelne Billetts aus fester Pappe zu verkaufen, aufgegeben. Obwohl man auch in Amerika bisher noch keine Maschine zur automatischen Billettausgabe von der Rolle kannte, stellt man für den Handverkauf am Schalter die Billetts in großen Rollen aus elastischem Kartonpapier her. Durch Übertragung des Schalterdienstes auf den für den Billettverkauf von der Rolle vollkommen ausgestatteten Abel-Automaten wird es möglich, das amerikanische Billett-Verkaufssystem in allen seinen Vorteilen auszunützen. Der Schalter wird außerordentlich entlastet, das Publikum schneller bedient, und die Betriebs-Spesen werden herabgesetzt.

An der Einführung des automatischen Billett-Verkaufes von der Rolle sind nicht nur sämtliche Eisenbahnen, Hoch- und Untergrundbahnen interessiert, sondern auch alle Unternehmungen, die ein gleichbleibendes Eintrittsgeld erheben, wie z.B. Kurparks, Konzertlokale, Zoologische Gärten, Sportplätze, Wasserfähren, Brückenübergänge, Museen usw., weil sie in demselben Verhältnis wie die Eisenbahnen durch diese Neuordnung ihres Billettverkaufs Ersparnisse erzielen werden. Ein Teil dieser Unternehmungen verausgabt heute schon elastische, d.h. Billetts aus Kartonpapier, allerdings meistens vom Block, da der Verkauf von der Rolle erst in dem Augenblicke zur vollen Bedeutung gelangen konnte, als es gelungen war, die Billett-Rolle in Verbindung mit einem Automaten zu bringen und damit den Schalterverkauf zum größten Teile entbehrlich zu machen.

• *Ober-Postpraktikant Schikorowski*

Reklame von 1918.

Maschinenhalle mit Luftkompressoren

Der Stein der Weisen • 1891

Die Anwendung der Kompressionspumpe als Krafterzeugerin für gewerbliche Arbeiten ist bekanntlich eine Erfindung der jüngsten Zeit, welche von Paris aus auch in Deutschland und Österreich Verwertung gefunden hat. Die diesbezüglichen Bestrebungen zielen darauf hinaus, die komprimierte oder Pressluft als Träger für die Kraftverteilung von Zentralen aus über mehr oder minder ausgedehnte Gebiete zu verwenden. Das Bestreben selbst, Kraft an nur einigen wenigen Zentralen zu erzeugen und dann von hier aus den Verbrauchsstellen zuzuführen, findet seine vollgültige Begründung in verschiedenen Umständen. Es mag diesbezüglich hier nur angedeutet werden, dass hierdurch Kraft viel billiger erzeugt werden kann, da große Anlagen viel ökonomischer arbeiten als kleine, dass ferner an den Kraftverbrauchsstellen (Werkstätten usw.) die Anlage von Feuerungen und Aufstellung von Dampfkesseln entfällt, was nicht nur vom sanitären und Sicherheitsstandpunkt aus sehr wünschenswert erscheint, sondern auch vom finanziellen Standpunkt aus in Betracht kommt. Überdies ermöglicht die Kraftverteilung von einer Zentrale aus auch die Anteilnahme kleiner Abnehmer, die für ihren geringen Kraftbedarf keine eigene Maschinenanlage ausführen können und daher mit der viel kostspieligeren Menschenkraft arbeiten müssen. Die Befreiung von Kessel und Schornstein hat ferner auch die Befreiung von dem Gebundensein an die Scholle zur Folge, da der Motor allein (d. h. ohne Dampfkesselanlage) in jedem beliebigen Lokal aufgestellt und in jedes beliebige Lokal überführt werden kann, geradeso wie die anderen Einrichtungen einer Werkstätte.

Was nun die verschiedenen Methoden derartiger Krafterzeugung und Verteilung (durch Druckwasser, Dampf, Leuchtgas, komprimierte Luft und Elektrizität) anbelangt, so kann hier natürlich nicht auf eine Vergleichung derselben eingegangen werden, sondern soll an dieser Stelle nur ***die Kraftverteilung durch komprimierte oder Pressluft***, wie selbe z. B. in Paris nach dem System V. Popp in größerem Maßstab bereits ausgeführt ist und anstandslos fungiert, etwas näher in Betracht gezogen werden.

Als spezielle Vorteile der Anwendung von Pressluft führt Prof. Radinger an, dass diese in einfachster Weise unmittelbar zum Ventilieren der Räume dienen kann, indem man sie entweder allein oder mit Außenluft (die sie sich selbst zusaugt) gemischt einströmen lässt. Für Kupol- und andere Schmelzöfen und Windfeuer ist die Pressluft ebenso wertvoll als für die Förderung gewerbehygienischer Vorkehrungen, wie z. B. Wegblasen des Farbstaubs in Buntpapierfabriken, des Steinstaubs in Schleifereien usw. Weitere spezielle

Anwendungen der Pressluft sind das unmittelbare, d. h. nicht erst durch Einschalten von Pumpen vermittelte Empordrücken von Bier und Wein aus den Kellern in die Schanklokale der Gasthäuser, das Hinaufdrücken von Wasser in hochgelegene Behälter, das direkte Hinauspressen eines Wasserstrahles zu Feuerlöschzwecken, ihre Anwendung zum Ausblasen und zur Entleerung der Senkgruben, zum Betrieb der pneumatischen Uhren usw. Endlich kann die Eigentümlichkeit der Luft, sich beim Expandieren in der Luftmaschine, d. h. bei der Abgabe mechanischer Arbeit, sehr beträchtlich abzukühlen, in hervorragender Weise zu Kühlzwecken ausgenützt werden.

In unmittelbarer Nähe von Paris ist die große Zentralanlage Usine de St. Fargeau errichtet, welche gegenwärtig mittelst 11 Dampfkesseln und 8 Dampfmaschinen die Luftkompressoren betreibt. In unserem Vollbild ist die Maschinenhalle, in welcher die Dampfmaschinen, Kompressoren und Windkessel Aufstellung gefunden haben, abgebildet.

Die Kompressoren sind zweizylindrig und erhalten ihren Antrieb durch die Dampfmaschine in der Weise, dass die Kompressorkolben an die verlängerten Kolbenstangen der Dampfzylinder angebracht sind. Die Einströmventile der Kompressionszylinder bestehen aus Bronzeplatten, welche die Stopfbüchsen umschließen und durch Reibung an den Kolbenstangen in ihrer Bewegung unterstützt werden. Die Druckventile sind einfache federbelastete Platten und lassen die Luft durch das oben am Zylinder angegossene Abströmrohr abfließen. Da die Luft beim Zusammenpressen stets bedeutend erwärmt wird, was den Gang der Maschine auf die Dauer unmöglich machen würde, muss bei allen Kompressoren für entsprechende Kühlung ausgiebig Sorge getragen werden. In unserem Fall wird dies durch Einführung einer geringen Wassermenge unten in die Zylinder während der Saugperiode bewirkt und dadurch erreicht, dass die Luft, welche beim Einsaugen eine Temperatur von 26° besitzt, nach der Kompression doch nur mit 52° in die Windkessel gelangt. Es wird also hierbei ein Teil der aufgewandten Arbeit in unnütze Wärme umgesetzt, geht also verloren.

Dieser Verlust, der 23% beträgt, kann teilweise wieder hereingebracht werden, wenn man das warm gewordene Einspritzwasser mit zur Kesselspeisung verwendet.

Die von den Kompressoren gelieferte Pressluft wird mit einer Spannung von 6 Atmosphären in 8 Windkessel geleitet und strömt dann von hier aus durch das Rohrnetz den einzelnen Abnehmern in der Stadt zu. Diese Windkessel liegen zum Teil zu je zweien übereinander an der Gebäudewand in der Maschinenhalle und besitzen einen Durchmesser von je 1,8 m bei je 12,7 m Länge, so dass also jeder Windkessel einen Raum von ungefähr 32,5 m³ einschließt. Zwischenrohre verbinden die einzelnen Windkessel untereinander, doch kann andererseits jeder einzelne mittelst entsprechend angeordneter Schieber für sich ausgeschaltet werden. Durch diese Kessel wird ein vollständig gleichmäßiger Druck erzielt, die gänzliche Abkühlung der Luft und der Niederschlag des mitgerissenen Wassers erreicht.

Die Rohrleitung ist aus Gusseisen hergestellt, und zwar für das 8 km lange Hauptrohr mit einem Durchmesser von 30 cm, während der Durchmesser der letzten Ausläufer nur mehr 4 cm beträgt. Das ganze Rohrnetz ist 36 km lang. Der

Maschinenhalle mit Luftkompressoren.

größte Teil dieser Rohre liegt in den weiten und befahrbaren Straßenkanälen (égouts), und zwar an deren Decke aufgehängt, so dass sie wie deren zweckmäßig verteilte Absperrschieber leicht zugänglich und überwachbar sind. Zur Zeit des stärksten Betriebes strömen 18 000 m^3 Luft in der Stunde durch die 30 cm weiten Hauptrohre, was einer Geschwindigkeit von 10,1 m/sec. entspricht. Der Druckverlust, welcher durch Registriermanometer in Werkstätten und an verschiedenen der größeren Abgabestellen dauernd kontrolliert wird, ergebt sich zu Zeiten geringen Betriebs fast mit Null, während er bei stärkstem Betrieb noch nicht eine Atmosphäre erreicht. Die Entnahme der komprimierten Luft aus der Rohrleitung an den einzelnen Verwendungsstellen geschieht nun, wie bei der Leuchtgasleitung, durch Einführung eines Zweigrohres unter Einschaltung eines Messapparates und ersteres führt (das Dampfrohr vom Dampfkessel her ersetzend) zum Motor. Dieser ist in der Regel eine normale Dampfmaschine, deren Kolben von der gespannten Luft ebenso unter Ausnützung der Expansion betrieben wird, wie es sonst vom Dampf geschieht; nur für ganz kleine Motoren (unter 2 PS) gelangen Rotationsmaschinen zur Anwendung. Vor dem Motor sind stets ein Reduzierventil und ein kleiner Wind-Erwärmungsofen eingeschaltet. Durch das erstere wird die Pressung von 6 Atmosphären in der Hauptrohrleitung auf 4 bis 4½ Atmosphären für den Motorenbetrieb ermäßigt.

Der Wind-Erwärmungsofen ist notwendig, weil die in der Maschine von 4 bis auf 1 Atmosphäre Druck sich ausdehnende Luft hierbei um beiläufig 70 °C abgekühlt wird, und da sie feucht erzeugt und verwendet wird, muss sie um die Höhe des zu erwartenden Temperatursturzes vorgewärmt werden, um die Eisbildung im Ausströmrohr hintanzuhalten Abgesehen von einigen seltenen Fällen, in welchen die kalte Luft zu Kühlzwecken Verwendung finden kann, ist die nicht zu umgehende Vorwärmung als ein Nachtheil zu betrachten, der mit der Verwendung der Druckluft zum Betrieb von Motoren verbunden ist. Die Heizung des Windofens erfolgt bei kleinen Anlagen durch Gasbrenner, bei großen durch ein Kohlenfeuer. ❐

Reklame von 1918.

Im Zeichen der sauren Gurke

Die Gartenlaube • 1895

Wer in den letzten Sommerwochen von der Reichshauptstadt aus dem kühlen Kamm des Riesengebirges zustrebt, dem bietet sich unterwegs, da wo er es vielleicht am allerwenigsten vermutet, mitten im tiefsten Sande der sandigen Mark, ein eigenartiges und vergnügliches Schauspiel. Der Zug hat eben ein unermesslich ödes Heideland durchbraust, unverfälschte ›Lüneburger‹ Heide, jämmerlich arme Kiefernwaldungen, die aus schierem, blendend weißem ›Brandenburger Schnee‹ traurig aufstreben – da verändert sich wie mit einem Zauberschlag das Landschaftsbild, eine Vegetation voll Üppigkeit und Kraft verdrängt plötzlich die melancholische Armut, wir umfahren das berühmte Spreewaldgebiet! Und nun winken schon die im dunklen Grün versteckten, roten Dächer der Hauptstadt dieses Wendenländchens, Lübbenaus, herüber, die Spreekanäle leuchten blau auf, fruchtbare Niederungen breiten sich weit vor unseren Blicken... gesegnete Gefilde, voller Anmut, Schönheit und Reichtum! Kennten wir nicht die Rolle, die Lübbenau und sein ›Hinterland‹ im Haushalt Berlins spielen, so würde sie uns doch in der nächsten Minute klar sein. Der kleine Bahnhof ist dicht besetzt von schmucken Wendendirnen, die in großmächtigen Körben das kostbarste und bezeichnendste Produkt der Jahreszeit, die saure Gurke, den neugierigen Reisenden darbieten; im Nu entwickelt sich ein schwunghafter Handel, das erfrischende Labsal findet reißenden Absatz. Man merkt es der Gurke an, dass sie noch nicht ganz ›abgelagert‹ und mild durchsäuert ist, aber just ihr herber, sozusagen unreifer Geschmack zieht die Käufer an. Und gern lässt man

Zur Sauregurkenzeit in Lübbenau.

sich nachher im Coupé von einem Eingeweihten darüber belehren, weshalb uns gerade hier die durststillende Frucht gleichsam als Symbol des ganzen Städtchens und Ländchens entgegengetragen wird, von welcher Bedeutung die Gurke und ihre Verwandten für diesen reizvollen Erdenwinkel sind.

Lübbenau, die Handelsempore des Spreewaldes, sendet Jahr um Jahr 85000 bis 90000 Zentner Gurken in die nichtwendische Welt, zumeist nach Berlin, daneben etwa 15000 Zentner Meerrettich, ebenso viele Zentner Mohrrüben, 13000 Zentner Zwiebeln und noch reichlich 27000 Zentner anderes Gartengemüse. Die Gurken- und Zwiebelkultur des wendischen (Ober-) Spreewaldes ist alt, und seit Jahrhunderten schon versorgt er Berlin mit diesen schätzbaren Früchten. Bedenkt man, dass aller nun bebauter Boden des einstigen Urwaldes, 1600 Hektar etwa, erst durch langwierige Aufschüttung und Düngung dem Wasser und dem Sande abgewonnen werden musste, so gönnt man dem fleißigen Wendenvölkchen gern sein Gurkenmonopol und den Ertrag seines redlichen Mühens. Und in der saftigen, säuerlichen Frucht, die dem vom brütendem Coupédunst erschöpften Vergnügungszügler neuen Humor verleiht und ihn zu allerhand naheliegenden Scherzen begeistert, erblickt der sinnende Reisephilosoph vielleicht auch etwas wie einen Gruß des geheimnisvollen Spreesumpfwaldes, der auch an wunderlieblichen Sagen und seltsam schönen Bräuchen so merkwürdig reich ist. • *R. N.*

Miscellen

Was alles in Deutschland früher getrunken wurde

Die Gartenlaube *1855*

Das Bier war von jeher ein Lieblingsgetränk der Deutschen, und es gehört in früherer Zeit sogar zum nicht geringen Stolz und Ruhm einer Stadt, ein gutes und kräftiges Bier zu brauen. Der Breyhan, welcher am meisten gebraut wurde, etwa so wie heutigen Tages das Lagerbier, verdankte seinen Namen einem gewissen Conrad Breyhan, der denselben 1526 in Stöcken, einem unweit Hannover gelegenen Dorf, zuerst braute. Später findet man des Breyhans aller Orten erwähnt, woraus hervor geht, dass er allseitigen Beifall bei unsern Vorfahren gefunden haben muss. Unter den verschiedenen Namen, mit welchen die Biere damals getauft waren, stößt man auf so sonderbare, dass eine kurze Zusammenstellung nicht uninteressant erscheinen mag. In Goslar wurde *Gose* gebraut; in Dassel der *Hund*; zu Wettin der *Reuterling*; zu Königslutter der *Duckstein*; in Eckernförde gab es *Quackelteis*; in Wismar *Kniesenack*; zu Ratzeburg *Rummeltheis*; in Teschen trank man *Marzerz*; in Oppau *Merz*; Leipzig braute *Rastrum*; Zadeck (in Böhmen) *Samecke*; Gardeleben *Garleg*; zu Tecklenburg in Westfalen wurde Griesing verzapft; zu Osnabrück *Buße*; zu Münster *Kolth*; in Braunschweig *Mume* (gibt es bekanntlich jetzt noch): zu Breslau verkaufte man *Schöps*; München hatte seinen *Bock*, der gegenwärtig noch getrunken wird; am Gefährlichsten war es in einem Dorf bei Jena, wo ein Bier gebraut wurde, welches den Namen *Mord- und Todschlag* führte. ❐

Schuhmaschine

Illustrirte Zeitung 26.1.1861

Die häufigen Klagen, dass die Fabrikation – der Betrieb solcher dem Handwerk früher überwiesener Gegenstände – jetzt mit Hilfe der Maschinen im großartigen Maßstab betrieben dem kleinen Gewerbsmann sozusagen den Boden unter den Füßen weggezogen habe, sind zwar vielfach begründet; dies sind indes Klagen einzelner, während die Allgemeinheit alle solche Etablissements nur mit Freuden begrüßen kann. Sie sind Tatsachen geworden, Forderungen und Fortschritte der Zeit, denen sich die Einzelnen unmöglich widersetzen können und die jeder, dem es betrifft, nur in der Weise auffassen sollte, wie er sich selbst am besten dabei zu schützen hat.

Einen solchen Schutz gegen die großen Fabriken sehen wir in dieser Schuhmaschine für den kleinen Handwerksmann. Schuhmaschinen überhaupt sind in England und Amerika nichts Neues mehr und es sind in diesem Jahr auch in anderen Ländern vielfach Patente auf Schuh- und Stiefelmaschinen, zum Nähen, Nageln, Fertigen der Schäfte, Krümmen des Leders etc. genommen worden. Besonders empfindlich für den kleinen Handwerksmann in Frankreich war bis vor kurzem die Schuhfabrik von Sylvain, Dupuis u. Comp. in Paris, welche mit Hilfe von Näh- und Nadelmaschinen und einer zehnpferdigen Triebkraft Unmassen von Schuhwerk aller Art zur Ausfuhr wie zum Gebrauch im eigenen Lande verfertigte und dadurch der Handarbeit und dem kleinen Kapital eine höchst unangenehme Konkurrenz bereitete.

Dieses erkennend, kam M. Sellier, Regimentsschuhmacher in Paris, auf die Idee, eine für den Handgebrauch zu benutzende Maschine zu konstruieren. Obwohl das von ihm erfundene Modell bereits auf der Pariser Ausstellung im Jahr 1855 gekrönt wurde, erlaubten ihm doch seine Vermögensverhältnisse nicht, die praktische Ausführung desselben zu bewerkstelligen. M. Sellier starb in höchst dürftigen Verhältnissen. Nach seinem Tod erst wurde durch Lemmercier das Modell angekauft und verbreitet. Nach Deutschland führte zuerst der Schuhmachermeister G. W. Bauer in Frankfurt a. M die Maschine durch Patent des Senats ein. Durch diese Maschine werden die Sohlen, nachdem der Schuh soweit fertig, mittels Messingschrauben in kurzer Zeit befestigt. Die Maschine macht die Schrauben, bohrt sie zu gleicher Zeit in das Leder fest und schneidet sie auch ab. Die Sohlen schließen dann so innig an das Oberleder und die Brandsohle, das unmöglich Nässe eindringen kann; auch können die Schrauben nicht herausfallen, wie dies bei Holz- und Drahtstiften sehr leicht vorkommt; die Hauptsache ist aber die, dass ein Arbeiter an einem Tag mindestens drei bis vier Paar Schuhe fertigmachen kann, wodurch bei solchen Schuhen gegen 20 – 30 % an Arbeitslohn gespart wird.

Herr Bauer hat bereits mehrere Maschinen dieser Art an andere Meister verkauft und dieselben haben sich sehr vorteilhaft bewährt. Jedenfalls sind diese Maschinen von großem Vorteil im Gegensatz zu großen derartigen Fabrikanlagen und geeignet, einer Konkurrenz mit diesen möglichst begegnen zu können. ❐

Beaudrys Schmiedemaschine

Polytechnisches Journal *18.6.1890*

Eine Schmiedemaschine, die eben so wohl als Loch- und Schermaschine gebraucht werden kann, ist nach American Machinist von Beaudry und Co. in Boston, Mass., Amerika, gebaut worden.

Dieselbe besitzt zwei Stempel, welche mit Exzenterbetrieb von einer beständig kreisenden Kurbelachse betätigt sind. Die Hubstellung sowie die Ausrückung der Druckstempel erfolgt durch Einschubkeile, welche von der unteren Trittwelle mittels Zahnstangentriebwerke eingestellt werden, wodurch der

Arbeiter beide Hände für die Behandlung des Werkstückes frei erhält. Diese Maschine hat ein Gewicht von 10 t; das Schwungrad macht 200 minutliche Drehungen, wobei der Stößelhub von 63 bis 83 mm geändert werden kann. Es können hiermit Löcher von 63 mm Durchmesser in 25 mm starke Bleche gestanzt oder 75 mm starke Rundstäbe sowie Flachschienen von 30 : 170 mm Abmessung geschnitten werden. ❐

Neue Grubenlampe

Die Umschau *18.1.1908*

Zwei Brüsseler Ingenieure haben eine neue Grubenlampe erfunden, die gestattet, Grubengas oder Kohlensäure in Bergwerken sicher nachzuweisen. Sie beruht darauf, dass gewisse Flammen, wie z. B. die des Benzins, ihre Größe und Stärke nicht ändern, solange sie in gleichmäßiger Umgebung bleiben; in eine Umgebung von Grubengas gebracht, vergrößert sich jedoch diese Flamme und ebenso nimmt sie ab, wenn die umgebende Luft Kohlensäure enthält. Diese Erscheinung hat man wie die Frankfurter Zeitung berichtet, dazu ausgenutzt, über der Flamme ein Thermo-Element anzubringen, das mit einem Galvanometer verbunden ist. Befindet sich nun in der Umgebung dieser Lampe Grubengas, so wird die Flamme heißer und das Galvanometer zeigt einen Ausschlag; ein Ausschlag nach der anderen Seite weist darauf hin, dass der Strom schwächer geworden ist. So kann man mit dieser Lampe mit Leichtigkeit die Anwesenheit schädlicher Gase in den Bergwerken feststellen; verbindet man das Galvanometer mit einem Registrierapparat, so ist man auch imstande, die Zusammensetzung der Luft in dem Bergwerk an den verschiedenen Orten zu vergleichen. ❐

Ein neuartiger fahrbarer Drehkran

Illustrierte Technik 19.8.1925

Der Universal-Drehlaufkran, siehe beistehende Abbildung, hat je nach der Ausladung 500 – 1000 kg Tragkraft. Alle Bewegungen erfolgen durch Akkumulatoren-Betrieb, wodurch der Kran vollständig unabhängig von jeglicher Stromzuführung durch Kabel oder Schleifleitungen ist. Zwecks Wiederaufladung kann die Akkumulatoren-Batterie vom Kran entfernt und gegen eine frische Batterie ausgewechselt werden, so dass es nicht notwendig ist, den Kran bis zur Ladestelle zu transportieren. Die Maschine kann sich mit dem Führersitz vollständig und mit ziemlicher Geschwindigkeit in einem kleinen Kreis drehen. Die Last liegt hierbei stets im Gesichtsfeld des Führers. Eine eigenartige Ausbildung des Fahrgestells erlaubt seine Verwendung auch auf welligem oder ansteigendem Gelände. Die Bedienung des Krans, der wegen seiner Wendigkeit auch in engen Räumen Verwendung findet, ist denkbar einfach. Benutzt wird der Kran hauptsächlich in Maschinenfabriken, Lagerhäusern sowie beim Güterverkehr zwischen Schuppen und Bahn bzw. Schiff, auf Lagerplätzen, in Mühlen, Brauereien, Textil- und Papierfabriken und chemischen Fabriken usw., wo wegen knapper Raumverhältnisse andere Einrichtungen nicht angewandt werden können. ❐

Reklame von 1925.

Artesische Brunnen und Feuerbrunnen

Das Neue Universum • 1899

Jedermann weiß, dass man, wenn man an gewissen Stellen eine tiefe Öffnung in die Erde macht, wo Niemand je eine Spur von einer Quelle bemerkt hat, endlich zu einer Erdschicht gelangt, wo Wasser im Überfluss vorhanden ist. Bisweilen dringt dies Wasser mit solcher Heftigkeit hervor, dass es sich als Springbrunnen mehrere Fuß über den Boden erhebt. Die Natur gewährt also von selbst ein glänzendes Schauspiel, welches manchem verschwenderischen Herrscher Millionen gekostet hat. Seit einigen Jahren vermehren sich in Frankreich und im südlichen Deutschland die artesischen Brunnen, die ihren Namen von der Provinz Artois in Frankreich haben, wo sie seit langen Zeiten gewöhnlich sind. Die Nützlichkeit der artesischen Brunnen besteht nicht allein darin, dass sie reichlich Wasser geben, sondern da dieses aus großer Tiefe kommt, so ist es immer mittlerer Temperatur, und wohl jedenfalls brauchbarer, als aus den gewöhnlichen Brunnen.

Brunnenbohrung in Narooma im australischen Bundesstaat New South Wales um 1900.

In China gibt es zwar keine artesischen, wohl aber Feuerbrunnen. Im Bezirk von Tsingtao (1600 km nordöstlich von Kanton) findet man in einem Raum von ungefähr 50 km in der Länge, und 20 – 25 km in der Breite mehrere Salzbrunnen. Jeder etwas wohlhabende Privatmann sucht sich einen Teilhaber und gräbt sich einen oder mehrere Brunnen, wozu gegen 2000 Taler erforderlich sind. Sie graben diese Brunnen nicht, wie wir, sondern erreichen ihren Zweck mit der Zeit und durch Geduld; sie bringen wenigstens drei Jahre dabei zu. Diese Brunnen haben gewöhnlich eine Tiefe von 500 – 600 m, und sind nur 12 – 15 cm breit. Will man Wasser aus einem solchen Brunnen haben, so steckt man eine Bambusröhre hinein, die rund 25 m lang ist, und an deren Ende sich ein Ventil befindet; wenn sie unten auf dem Boden angelangt ist, so hält sich ein starker Mann an einem Seil fest, und stößt auf die Röhre; bei jedem Stoß öffnet sich das Ventil, und das Wasser steigt in die Höhe. Bei der Verdunstung liefert das Wasser ein Fünftel und drüber, ja bisweilen ein Viertel Salz, das einen sehr beißenden Geschmack hat, und viel Salpeter enthält. Die Luft, welche aus diesem Brunnen kommt, ist leicht entzündbar. Hält man eine Fackel an die Öffnung des Brunnens, wenn die Röhre beinahe mit Wasser angefüllt ist, so entzündet sich eine große Feuergarbe, 6–10 m hoch. Bisweilen tun es die Arbeiter entweder aus Unvorsichtigkeit oder aus Bosheit.

Es gibt Brunnen dieser Art, aus denen man kein Salz bekommt, sondern bloß Feuer, und diese nennt man Feuerbrunnen. Man verschließt die Öffnung des Brunnens mit einem Bambusröhrchen und leitet die entzündbare Luft wohin man will; man zündet sie mit einem Licht an, und sie brennt fortwährend. Die Flamme sieht bläulich aus, steigt 7–10 cm hoch, und hat 2–3 cm im Durchmesser. Das Gas ist mit Erdpech geschwängert, riecht übel, und gibt einen schwarzen, dicken Rauch; sein Feuer brennt heftiger, als das gewöhnliche Feuer. Die großen Feuerbrunnen befinden sich zu Tsee-lieou-tsing, einem Flecken im Gebirge, an einem kleinen Fluss. ❒

Impfung auf offener Straße

DAS NEUE UNIVERSUM • 1899

Emma Niendorf schrieb einst: »Das Eigentümlichste und Merkwürdigste von Paris bleiben stets seine Straßen und ihr Treiben; sie sind eine große Weltausstellung, ein Theater und Gesellschaftssaal.«

Seitdem erfuhr die Weltstadt an der Seine ebenso großartige wie glänzende Umwandlungen und das bunte, rastlos bewegte Treiben in den Riesenstraßen, die Menge der mannigfaltigen, überraschenden und befremdenden Bilder hat sich bis zur erstaunlichsten Höhe und Fülle gesteigert.

Zu diesen neuzeitlichen Bildern von Paris gehört auch die Impfung auf offener Straße. Ein gesetzlicher Impfzwang besteht in Frankreich nicht. Nun gibt es aber in Paris eine Gesellschaft für öffentliche Hilfeleistung, und diese bemüht sich um die Ausbreitung des Impfens. Dabei ging sie von der Ansicht aus, dass die Impfung für jeden so leicht und bequem wie nur möglich gemacht werden müsse, und deshalb richtete sie sogar in Paris Impfungen auf offener Straße ein. Das Verfahren ist folgendes: Zu gewissen Zeiten sieht man eigentümlich eingerichtete, halboffene Sanitätswagen, an die hinten eine junge Kuh gebunden ist, sich langsam durch die Straßen bewegen. An einer der belebtesten Stellen macht solch ein Wagen Halt; einige Männer von würdigem Aussehen steigen aus, ziehen ihre Impfbestecke hervor und entnehmen direkt von der Kuh die Lymphe. Nun treten aus der vorübergehenden Menge Mütter heran, welche die Arme ihrer Kinder entblößen, auch Männer und Frauen, welche ihre Hemdärmel aufstreifen, und die Impfung vollzieht sich sofort auf der Straße, wie unser Bild es darstellt. Da diese wohltätige Einrichtung schon seit

einer Reihe von Jahren in der französischen Hauptstadt bekannt ist und Beifall gefunden hat, so wird sie gern und vielfach benutzt. Die Sache geht äußerst flink vonstatten, in zwei Minuten kann man den Arm wieder bedecken. Tausende von Menschen werden alljährlich auf diese Weise geimpft, sozusagen im Vorübergehen. Wer indes in geschlossenem Raume geimpft zu werden wünscht, hat dazu in Schulen, Krankenhäusern und Kasernen Gelegenheit genug; auch dort vollzieht die oben genannte Gesellschaft die Impfung unentgeltlich. ❐

Elektrische Gasbeleuchtung

Die Abendschule *20.9.1878*

In verschiedenen größeren Etablissements Londons und des Kontinents besteht bereits die Einrichtung, dass die Gasbrenner durch elektrische Leitungen angezündet werden. Das Auslöschen geschieht aber da überall noch durch Abdrehen des Hahnes des Gasmessers. Auf die städtischen Gasleitungen ist diese Vervollkommnung bisher nicht angewendet worden. Nun hat ein Herr Fox in London einen elektrischen Apparat erfunden, durch den die sämtlichen hunderttausend Gaslampen Londons auf einen Schlag angezündet und ausgelöscht werden können, so dass jährlich eine Ersparnis von 100 000 Pfd. St. gemacht werden kann. Dieser elektrische Apparat hat zwei Funktionen. Mit der einen Vorkehrung können die mit besonders konstruierten Klappen versehenen Brenner geöffnet und geschlossen werden, durch die andere wird der elektrische Funke entsendet. Wenn diese Erfindung in London zur Einführung gelangt, so steht ihr auch auf dem Kontinent eine große Zukunft bevor, soweit überhaupt die städtischen Gasleitungen nicht mit der Zeit durch das mittelst der neueren Maschinen hergestellte billigere und bessere elektrische Licht verdrängt werden. ❐

Neue Bewässerungskanäle in Frankreich

Zentralblatt der Bauverwaltung *6.5.1882*

Die Verheerungen, welche die Reblaus in den Weingärten Frankreichs angerichtet hat, geben in doppelter Weise Veranlassung, mit dem Bau von Bewässerungskanälen rasch und kräftig vorzugehen. Als beste Hilfe gegen die Weiterverbreitung jenes gefährlichen Insektes hat sich die Unterwassersetzung der Rebenfelder erwiesen. Während der Wintermonate muss man 40 – 50 Tage lang eine etwa 1 m hohe Wasserschicht auf den infizierten Grundstücken stehenlassen, um mit einiger Sicherheit auf die Vernichtung der Winterbrut rechnen zu können. Die hierzu notwendige Wassermasse, 10 000 m^3 pro Hektar lässt sich nur an wenigen Stellen der Weinbaulandschaften aus natürlichen Wasserläufen unmittelbar entnehmen. Auch die vorhandenen künstlichen Bewässerungskanäle genügen dem Bedarf nur zum kleinsten Teil. Dort wo der Weinbau bereits vollständig zerstört ist, z. B. im Departement Vaucluse, zeigt sich aber gleichfalls eine bedeutende Erweiterung der Bewässerungsanlagen erforderlich, weil die neuen Kulturarten, zu denen überzugehen man sich gezwungen sah, nämlich der Wiesen-, Klee- und Getreidebau eine weit größere Wassermenge erfordern, als für die Weingärten erforderlich war. Mit der Ausführung des großen Kanals, welcher 50 m^3 Wasser in der Sekunde aus der Rhône entnehmen und mit einer Gesamtlänge von 450 km über die zu beiden Seiten jenes Stroms und am Nordufer des Mittelmeers gelegenen Departements Ardèche, Drôme, Gard und Hérault verteilen soll, wird dem Vernehmen nach demnächst begonnen. Um eine Vorstellung von den Verheerungen der Reblaus zu gewinnen, sei angeführt, dass in diesen 4 Departements früher 352 000 ha Weingärten vorhanden waren, gegenwärtig aber nur noch 119 000 ha, so dass also 233 000 ha Rebenfelder im Wert von 580 Mill. Franc, vernichtet sind. Auch in der Provence befinden sich mehrere neue Kanäle bereits im Bau, z. B. bei Nizza der Vésubie-Kanal und bei Cannes der Siagne-Kanal. ❐

Colorado River umgeleitet

Die Umschau *18.1.1908*

Eine gewaltige geografische Veränderung hat sich am Colorado River vollzogen. Der Colorado führt seine Wassermassen nicht mehr in den Golf von Kalifornien, sondern in die Coloradowüste, wodurch ein Stromgebiet im Umfange Deutschlands gänzlich vom Weltmeer abgeschlossen wurde. Diese Veränderung ist nach den Frankfurter Nachrichten darauf zurückzuführen, dass man zu Berieselungszwecken einen Graben vom Colorado River nach dem tiefsten Punkt der Coloradowüste führte. Als die Wassermenge dazu nicht ausreichte, nahm man noch einen zweiten Durchstich vor, und vergaß dabei mit der Hochflut des Stromes zu rechnen. Mit nicht zu bändigender Gewalt drang dann der Strom in den kleinen Kanal, riss alles mit sich fort und bildete einen See von 1000 km^2 Fläche und 18 m Tiefe. Gelingt es nicht dem Wasser Einhalt zu gebieten, so dürfte der See in wenigen Jahren 5000 km^2 einnehmen. ❐

Telefonkonzerte

Daheim • 19.1.1884

Als der Amerikaner Graham Bell das praktisch brauchbare Telefon erfunden hatte, erregte der verhältnismäßig einfache Apparat, vermittelst dessen das gesprochene Wort auf weite Entfernungen hin hörbar übertragen werden konnte, nicht nur allgemeines Aufsehen, sondern es bemächtigte sich die Praxis desselben, um den Fernsprecher den modernen Verkehrsmitteln hinzuzufügen und dem Drahtzwiegespräch eine hervorragende Stellung im öffentlichen und privaten Leben zu erobern. Ländliche Postanstalten sind nunmehr im deutschen Reich zahlreich mit den nächsten Telegrafenstationen durch Telefonanlagen verbunden, die billig in der Anlage sind und von dem Beamten nicht die Kenntnis des Telegrafierens verlangen, und was die Städte anbelangt, so sind sowohl große wie kleinere bereits in wenigen Jahren förmlich von Telefondrähten überspannt, welche dem lokalen Sprachverkehr dienen.

Es darf daher das Telefon als ein allgemein bekannter Apparat betrachtet werden, und da die Gelegenheit häufig geboten wird, haben die meisten Leser gewiss schon selbst einmal telefonisch gesprochen und gehört, so dass ihnen erinnerlich ist, wie das gesprochene Wort, trotz der Dämpfung, welche es erleidet, dennoch deutlich mit allen Eigentümlichkeiten der Klangfarbe an das Ohr gelangt. Man kann sogar Bekannte an der Stimme erkennen.

Das Telefon übermittelt daher nicht allein die Grundtöne, sondern auch alle Nebentöne, welche die Klangfarbe einer gesprochenen, gesungenen oder auf einem Instrument erklingenden Note hervorbringen und so lag der Gedanke nahe, auch den Versuch zu machen, die Klangmassen eines vollständig besetzten Orchesters durch das Telefon von einem Ort nach dem anderen zu übertragen. Das erste derartige Experiment wurde während der elektrischen Ausstellung zu Paris mit größtem Erfolg angestellt, indem man die große Oper mit dem Ausstellungspalast telefonisch verband und für geeignete, im Orchester angebrachte Schallfänger Sorge trug. Bald darauf wurde in ähnlicher Weise das Berliner Opernhaus mit dem Haupttelegrafenamt verbunden, aber nur Auserwählten ward der Zutritt in das Hörkabinett gestattet und später wurde in den Nebenräumen der Philharmonie in Berlin ein Hörkabinett eingerichtet, in welchem das Publikum die in dem Hauptsaal exekutierten Konzertnummern mittels Telefon vernehmen konnte. Da jedoch die Entfernung des Kabinetts vom Konzertsaal nur eine geringe ist, so wurden mehrere Kilometer Draht, welche passend auf Rollen gewickelt waren, in die Leitung eingeschaltet um den Weg, den die Musik nehmen musste, zu verlängern. An allen größeren Orten, wo elektrische Ausstellungen stattfanden, bildete die telefonische Musikübertragung einen Hauptanziehungspunkt, und da jedes Orchester und jedes Instrument als Musikquelle dienen kann, handelt es sich hauptsächlich um die Einrichtung der von fremden Geräuschen und Lärm möglichst unbehelligten Hörkabinette.

Unsere Illustration zeigt das Innere des Hörkabinetts und einige andächtige Lauscher, welche die Telefone möglichst nahe an die Ohrmuscheln halten, um keinen Ton von dem Orchester zu verlieren, das der Künstler in voller Tätigkeit dargestellt hat. Die Drähte, welche neben dem, in kleinem Format gezeichneten Orchester an der Wand herablaufen, führen nach dem sogenannten Transmitter, welche in unmittelbarer Nähe des Orchesters angebracht sind, um die Schallwellen aufzufangen und dieselben in schwache, elektrische Ströme zu verwandeln, welche sich im Telefon wieder in Schallwellen – Töne – umsetzen.

Der Effekt ist ein überraschender, denn obgleich die Kohlenspitzen der Transmitter, welche durch den Schall in leichte Bewegung versetzt werden, ebenso spitz sind wie geschärfte Bleistifte, so vermögen sie dennoch die gewaltigen Tonmassen selbst einer Wagnerschen Komposition ohne Verlust zu Gehör zu bringen. Freilich klingt die Musik gedämpft, als wäre der Hörer durch eine dünne Bretterwand von ihr getrennt, aber es fehlt kein Ton und keine Klangwirkung bleibt aus, sobald für eine zweckmäßige Aufstellung der Transmitter in der Nähe der Instrumente Sorge getragen wurde.

Ich hatte Gelegenheit, während der elektrischen Ausstellung zu München einen ganzen Akt des *›Tannhäuser‹* telefonisch im Ausstellungsgebäude zu hören, das eine Viertelstunde vom Hoftheater entfernt liegt. Vor dem Beginn der Ouvertüre vernahm man das Gemurmel des Publikums, das Stimmen der Instrumente und das Klappen der Sitze. Dann begann die Ouvertüre. Wie aus weiter Ferne drangen die gehaltenen Töne der Blasinstrumente an mein Ohr, mit welchen der Pilgerchor beim Anfang der Ouvertüre auftritt. Das Piano dieser Stelle brachte die Täuschung einer weiten Entfernung hervor; mit dem Crescendo schien das Orchester jedoch näher zu rücken, bis schließlich beim Forte die Töne in nächster Nähe hinter einer Wand zu erklingen schienen. Richtet man während des Hörens die Augen auf den Fußboden, so vermeint man, die Töne unter sich zu vernehmen, blickt man nach oben, so verlegt man den Sitz des Orchesters unwillkürlich über sich. Bei geschlossenen Augen dagegen hört das Ohr die Musik in ähnlicher Weise, wie die aus dem mystischen Abgrund des Bayreuther Wagnertheaters hervorquellenden Klänge und die Fantasie vermag nun sich die idealste Szenerie zu den Tönen hinzu zu träumen. Würde man, telefonisch hörend, gleichzeitig den Klavierauszug oder die Partitur des betreffenden Musikstückes oder der Oper mit den Augen studieren, so würde ein bis dahin unbekannter Genuss für jeden bereitet werden, der Musik ohne störende Nachbarschaft liebt und sich lernend mit einer Komposition beschäftigen möchte. Die gelesenen Noten erklingen dann gleichzeitig, und da das Telefon die Orchestermusik meilenweit überträgt, könnte der Musikfreund dieses Genusses in seinem Heim teilhaftig werden, wenn es dahin käme, dass die vorhandenen Telefonverbindungen an die Transmitter der Konzertsäle oder Opernhäuser angeschlossen würden, zumal der Realisierung dieses Gedankens keine Unmöglichkeiten hindernd entgegenstehen.

Das Telefon überträgt nicht allein die Klänge des Orchesters, sondern auch die menschliche Stimme und den Ausdruck, welchen der Sänger in seinen Gesang legt. Herr von Persall, der Intendant des Hoftheaters zu München, hat eine Telefonleitung von der Oper nach seiner Villa zu Tutzing am Starnberger See legen lassen und kann dort nicht allein den Verlauf der Aufführung verfolgen, sondern auch den Beifall des Publikums vernehmen. Selbst die Stellung der Sänger und Sängerinnen kontrolliert das Telefon, denn wendet der Sänger sich nach rechts, so hört das rechte Ohr deutlicher, wendet er sich nach links, dann umgekehrt. Erklingt der Ton besonders stark, so singt der Sänger gegen die an der Brüstung des ersten Ranges angebrachten Schallfänger und der Schluss, dass der Sänger um den lose sitzenden Beifall der oberen Ränge wirbt, ist ein durchaus richtiger. Das Merkwürdigste waren jedoch die Experimente auf der Telefonverbindung zwischen München, Tutzing am Starnberger See und Oberammergau, deren Leitung 95 km oder 30 Wegstunden betrug.

In Oberammergau hatte der Herr Lehrer für die Dauer der Ausstellung den musikalischen und deklamatorischen Teil unter Assistenz der am Passionsspiel mitwirkenden ländlichen Kräfte übernommen. Am Tage sprach der Lehrer mit den Hörern in München, oder spielte ihnen ein Stück auf der Geige oder dem Harmonium vor. Am Abend versammelten sich die Passionsspieler beim Lehrer und sangen Chöre oder Volksweisen, die trefflich zu Gehör kamen.

In dem etliche Wegstunden von Oberammergau entfernten Tutzing versah die sangeskundige Frau des im Glaspalast stationierten Inspektors des Oberammergaukabinetts den Telefondienst.

Der Inspektor ruft: *»Käthe, es sind Hörer hier in München, kannst du ein Lied mit dem Herrn Lehrer in Oberammergau singen?«*

Pause.

Wir hören darauf in München, wie Frau Käthe von Tutzing aus mit dem Lehrer in Oberammergau spricht: *»Sind Sie da, Herr Lehrer?«*

»Jawohl!«, tönt es von Oberammergau zurück, *»was wünschen Sie?«*

»Wir möchten ein Lied zusammen Singen!«

»Wollen Sie die zweite Stimme übernehmen?«, fragt der Inspektor von München den Lehrer in Oberammergau.

Sehr gern!«

Pause.

Frau Käthe beginnt nun ein Lied zu singen; nach einigen Takten fällt der Herr Lehrer, der in seinem Telefon die Stimme der Frau Käthe genau hört, mit dem Bariton ein und wir vernehmen ein Duett, dessen Sänger mehrere Kilometer voneinander entfernt sind. Um das Maß des Merkwürdigen vollzumachen, begibt sich der Inspektor an einen Transmitter und singt die dritte Stimme zu dem Lied und das Terzett Oberammergau, Tutzing und München – Entfernung 95 km – ist komplett. Wäre die telefonische Tonübertragung keine Tatsache, so möchte man geneigt sein, sie für ein Erzeugnis der Fantasie zu halten. Sie ist aber eine Realität und dabei dennoch so überraschend und anziehend, dass wir jedem, dem sich die Gelegenheit bietet, raten, das Anhören von Telefonkonzerten nicht zu versäumen.

• *Julius Stinde*

Miscellen

Eine Pariser Restauration

Die Gartenlaube *1855*

So wie man in die Vorhalle der neue Restauration in der Rue de Montesquieu tritt, erhält man von einem Beamten (es ist hier alles wie in einer großen Administration eingerichtet) eine gedruckte Speisekarte, aus welcher die zu habenden Gerichte und Getränke mit Angabe der Preise verzeichnet stehen. Man ist über die Billigkeit erstaunt und geht an ein paar Tischen, auf denen das rohe Fleisch erster Qualität ausgestellt ist, vorbei in den Speisesaal. Dieser bietet nun einen äußerst interessanten Anblick dar. Rechts und links lange Reihen kleiner Marmortische, ringsherum breite Galerien, auf denen ebenfalls gespeist wird. In der Mitte des Saales selbst stehen zwei große offene Dampfküchen, deren ökonomische Einrichtungen und Sauberkeit bewundernswert ist. Sehr anständig gekleidete Frauen von seltener Reinlichkeit holen aus den ungeheuren Töpfen die Speisen und die Stücke Fleisch heraus, schneiden ab, und man hat hier den Vorteil, der einem in Paris nicht immer zu Gebote steht: zu sehen, was man eigentlich isst. Sobald man eine Speise bestellt hat, macht der Kellner auf die Speisekarte, die man von der Tür mitbrachte, ein Kreuz. An jedem Marmortische ist eine aufrechtstehende Röhre angebracht, an welcher sich zwei Drücker befinden. Aus diesen Röhren, die unter den Tischen fortlaufen, strömt so viel Selterwasser als man trinken will und für das Recht, diese Röhren bei Tische zu benutzen, bezahlt man bei der allgemeinen Rechnung zwei Sous. Ist man mit Essen fertig, so geht man mit seiner Karte hinaus. Man kommt von selbst an den Tresen vorbei, an denen mehrere Damen sitzen, welche im Nu die Rechnung, die man mit der Karte ja selbst präsentiert, zusammen addieren. Hat man gezahlt, so erhält man die Karte zurück, und gibt sie beim Herausgehen einem Kontrolleur ab. Trinkgeld an den Kellner wird nicht verabreicht. Alle Speisen sind einfach zubereitet, aber äußerst geschmackvoll, und in keiner Restauration kann man besseres Fleisch essen, als hier. Anderthalb Francs sind zu einem Diner genügend. Der Erfolg dieses Etablissements ist so außerordentlich groß, dass zwischen sechs und sieben Uhr in der Regel 800 Personen auf einmal in dem Saal essen, so dass man für kurze Zeit die Gitter schließen muss. ❒

Julius Verne

Ungarischer Lloyd • 10.12.1875

> Während man heutzutage bei **Jules Verne** leichthin vom ›Altvater der Science Fiction Literatur‹ spricht, hatte man damals, zumal der Begriff ›Science Fiction‹ auch noch längst nicht erfunden war, einige Schwierigkeiten damit, sein Werk einzuordnen und überhaupt die richtigen Worte für das ›kolossal Neue‹ seines Werks zu finden. Dies dokumentiert denn auch sehr schön dieser Artikel aus dem Ungarischen Lloyd aus dem Jahr 1875. • *Gerd Schubert*

Der Mann ein Original; eine vollkommene Novität seine Werke! Wie der Autor es liebt, in seinen Romanen unbekannte Gewalten spielen zu lassen, so scheint er es mit seinem Leben zu halten; sei es aus Bescheidenheit, sei es aus Liebe zum Mysteriösen oder aus Reiz des Pikanten, der darin liegt: Julius Verne, der in Paris lebt, hat sich, so viel Recht und Aufforderung dazu auch vorlagen, noch in keiner Weise mit seiner Person an die Öffentlichkeit gedrängt; ja er ist selbst denen, die sich in Deutschland, sei es in geschäftlicher, sei es in literarisch-kritischer Richtung auf das Eingehendste mit seinen höchst eigenartigen Werken befasst haben, unbekannt geblieben. Das ist sonst nicht die Art, die wir den Franzosen zuschreiben. Den Originalverlag seiner Werke, die schon vor Erscheinen der deutschen Gesamtausgabe *(A. Hartlebens Verlag in Wien, Budapest und Leipzig)* in vielen Übertragungen zirkulierten, besitzt die Firma Hetzel u. Comp. in Paris. In allen 21 Bänden findet sich nicht eine einzige Andeutung, die im entferntesten mit der Stellung des Autors zusammenhinge.

Machen wir uns zunächst klar über das Talent des rasch zur Berühmtheit gelangten Autors. Die erste durchgreifende Wahrnehmung ist diese: Die Wesenheit, im Großen und Ganzen genommen, ist eine so ausgeprägt spezifische und erfüllt den Autor so durch und durch, dass er gar keinem Zweiten sich parallel stellen lässt, dafür aber sich selbst unwandelbar gleich und treu bleibt. Es ist ein und derselbe große Zug vom ersten bis zum 21. Band, und der Kenner, der sich einmal in die Manier hineingelesen hat, wird schließlich mit gleicher Sicherheit die Art und Weise Vernes sich konstruieren und mit gleicher Klarheit sie darlegen können, ob er nun seiner Beurteilung die eine der größten (dreibändigen) Kompositionen unterlege: *Die Kinder des Kapitän Grant* und *Die geheimnisvolle Insel,* oder aber, ob er eine der kürzesten und knappsten herausziehe wie etwa aus Band 19 *Die Blokadebrecher* oder aus Band 20 *Eine Idee des Doktor Ox.* Wir unsererseits haben die Eigenart Vernes in vollster Wucht und frappantestem Glanz sich entfalten sehen in den zwei Erzählungen: *Zwanzigtausend Meilen unterm Meer* und *Abenteuer des Kapitän Hatteras.* Wer übrigens bei dieser fast mit plastischer Rundung in fest umschriebenen Linien sich absetzenden Gleichartigkeit des Talents Einförmigkeit im Ton und in den Gestaltungen fürchten sollte, der findet sich zu seiner Überraschung enttäuscht und liest den 21. Band mit der gleichen Spannung wie den ersten. Es sind immer neue Kreise in den unermesslichen Regionen von Erde und Himmel, in die wir eingeweiht, es ist ein immer neues Spiel von Kombinationen der Kräfte und Elemente, die vor uns aufgeführt, es sind neue Charaktere und Personengruppen, die in Tätigkeit gesetzt, ganz verschiedenartige Fantasiegebilde und Landschaftsgemälde, die vor uns ausgebreitet werden, in jedem Stück neues, überraschendes, mächtiges und prächtiges Leben, ein bewältigender Reichtum von Schöpfungen und Bildungen.

Und nun die spezifische Wesenheit! Wir nannten sie früher schon ausgeprägt in der durchaus ungewohnten und neuen, in der ganz einzigen Art der Gestaltungen, welche seine riesige Fantasie schafft, und das Einzige beruht in der von keinem vor ihm versuchten innigen Verknüpfung zweier ganz verschiedener, ja ihrer Natur nach widersprechender Elemente zu Gebilden von mächtig ergreifender Lebenskraft. Seine abenteuerlichen Reisen nach bekannten und unbekannten Welten verwenden auf der einen Seite einen ganz ungeheuren Apparat moderner Naturkenntnisse, ein riesig aufgehäuftes, ein fast unübersehbares Material aus allen den Zweigen dieses neuesten Wissens von der Natur, deren kleinster ja heute zu einer die volle Lebenskraft absorbierenden Disziplin angewachsen ist; eine mathematisch-exakt abgewogene und ebenso genau benutzte und angebrachte Kenntnis aus den Kreisen der Astronomie und Mathematik, der Mechanik und modernen Erfindung, der Chemie und Physik, der alten und neuen Geografie und der sämtlichen naturbeschreibenden Zweige. Verne setzt also den einen Fuß sehr energisch in diese realistisch-materielle Welt hinein, mit deren eingehender Erforschung die jungen Generationen sich gewaltig zu schaffen machen; er nimmt die Fakten und die sie regierenden Kräfte, kombiniert sie, rechnet mit ihnen, gibt die Zahl- und Zeitbestimmungen, die Raum- und Zeitgrößen mit aller Genauigkeit des Mathematikers, führt uns die nackten, klaren und scharfen Tatsachen des Physikers und Mechanikers, die unbeirrbaren astronomischen Gesetze der Weltbewegung auf das Genaueste vor und bleibt mit erstaunlicher Festigkeit im Bereich der erkannten und anerkannten Naturgewalten stehen, und die Bewegung, die er aus ihnen herausschlägt, hält sich gemessen, Schritt um Schritt vorgehend, im Kreise der von unserer neuesten Wissenschaft als Realitäten erwiesenen Gründe und Wirkungen.

Das ist die eine Seite: der unantastbare, der mit mathematischer Sicherheit durchgeführte Realismus. Aber im Handumdrehen haben wir eine vollkommen verschiedene Gestalt vor uns. Derselbe Mann, der den unermesslichen Schatz realsten Wissens plünderte, um uns den Inhalt desselben in tausend Konstruktionen hinzulegen; derselbe, der so fest auf Granitboden steht, macht eine unberechenbare Wendung, springt in einer Minute mit dem zweiten Fuß ins Unendliche hinaus, beginnt den Reigen mit den Meteoren und Nebelflecken, treibt seine verwegenen Kombinationen und Fantasierechnungen ins Ungeheuerliche und Unmögliche; er macht Prozesse durch, viel verwegener als der berühmte Dichter, der seine Riesenfeder in den Schlund des Ätna tauchte, um mit ihr den Namen der Geliebten in den Himmel zu schreiben; Er springt, schnaubt, fliegt hinein ins Schranken- und Gesetzlose, ins Abenteuerliche, Tolle und Märchenhafte; er spielt mit einer riesig-ungeheuerlichen Naturfantastik, vor welcher alle Gesetze verstummen. Es ist nach beiden Seiten die Bezeichnung ›Naturwissenschaftliche Romane‹ in ihrem charakteristischen Recht, und wir haben kurzweg eine neue Art vor uns und den Schöpfer einer solchen. Sie und er stehen heute noch einzig da; es ist zweifelhaft, inwieweit es anderen gelingen möchte, auf den gleichen Pfaden zu wandeln.

Das unbedingt Originale liegt sonach in der Organismen schaffenden Verknüpfung der mathematisch-genauen Real- und der fantastisch-romantischen Ideal- oder besser Traumwelt, und das durch und durch Charakteristische des Schaffens und der Schöpfungen fassten wir an einem anderen Ort in einem Satz zusammen, an dem wir nichts zu ändern finden. Wir sagten: Sollen wir in einem Paradoxon reden, so nennen wir das unsern Autor Auszeichnende die Fantastik des Materialismus, und insofern ist er wiederum eine Erscheinung modernsten Schlags. Also ein Talent des äußersten Dualismus, das aber – um ein weiteres Paradoxon zu brauchen – durch sein Fixieren auf die mathematisch-genauen Rechnungs- und Konstruktionspunkte die Logik des Unmöglichen aufbauen will.

Töricht, wer einem Autor dieser Art gegenüber etwas Ausschlaggebendes glaubt gesagt zu haben mit der Erklärung: Er belehre nicht, er verwirre. Wer so redet, beweist entweder die Unkenntnis mit den Werken Vernes oder den Mangel an besonnener Abstraktionskraft, die dem Leser ja jeden Augenblick jene Grenzen zwischen realem Wissen und fantastischem Rechnen und Träumen herausfinden lässt, welche das mächtige Gestaltungstalent des Autors, ästhetisch fein operierend, allerdings vorweg verwischt. So gilt uns denn in Vernes Romanen die eine und die andere Seite gleich viel, die auf Belehrung abzielende und die der poetisch-ästhetischen Unterhaltung dienende, sonach nicht der eine oder andere Zweck abgetrennt, sondern der Doppelzweck. Wir schätzen die verwegenen Fantasiegebilde, als freipoetisches Spiel – wir werden mächtig erfasst und eingesponnen in dieses neue Märchenfeld, das Märchen des Realismus, der Materie. Aber wir repetieren auch die anmutende Verbreitung populären Naturwissens aus allen Zweigen, jene auf die fesselndste Art angebrachte Belehrung, welche von allen Ecken und Enden her Naturkenntnisse in Kreise hineinträgt, die sonst nicht so schnell und jedenfalls nicht so gierig danach greifen möchten. Man unterscheide wohl, und man fordere nicht, was man nicht darf: Verne ist nicht Mathematiker noch Astronom, nicht Verfasser von physikalischen oder mechanischen Hand- und Lehrbüchern, er ist und bleibt Romanschriftsteller. Aber er streut in elegantester und gewandtester Weise eine erstaunliche Fülle von Kenntnissen hin, aus allen Kreisen, und der Leser wird umso eher veranlasst, davon Notiz zu nehmen, als ohne ihre Unterlage die gewaltigen fantastischen Konstruktionen, die er aus der unerhörten Multiplikation der realen Kräfte herausschlägt, absolut nicht verständlich sind. Übrigens bedarf er, um die wunderbaren Reisen nach dem Mond und um den Mond, nach dem Mittelpunkt der Erde, 20 000 Meilen unterm Meer, die Fahrten nach dem Nordpol und in die nie erreichten Eisgefilde des äußersten Südens, die erstaunliche Schnellreise um die Erde, die Forschungen in ganz unbekannten Erdgürteln, die Ballonfahrten und Dramen hoch in den Lüften auszuführen – er bedarf zu diesen fabelhaften und glücklich erreichten Zwecken solcher Träger, die er heroisiert. Damit sie groß genug seien für die tollkühnen Unternehmungen, muss er ihnen an Geistes- und Körperkräften titanenhafte Dimensionen geben, ihnen einen Mut und eine Energie zusprechen, die alles ertragen und alles überwinden. Dadurch nehmen diese Gestalten etwas Mysteriöses an, das ganz eigenen Zauber auf sie wirft, aber auch mehrfach eine ins Düstere und Melancholische herüberführende Grandiosität entwickelt, etwas Dämonisches an sich trägt. Überhaupt schwebt immer eine unbekannte Riesenmacht über diesen prometheisch-gigantischen Unternehmungen und lässt sie gelingen.

Die spezifisch wissenschaftlichen Hilfsmittel sind unübersehbar: eine Masse aus allen Jahrhunderten gezogener geschichtlicher Daten über Erfindungen, Entdeckungen, mechanische Konstruktionen, über die Fortschritte in den Einzelwissenschaften; Aufbau und Aufnahme philosophisch-wissenschaftlicher Theorien der allerverschiedensten Art; Rechnungen über die Distanzen, die Materien und Medien; Darlegung physikalischer Gesetze und mechanischer Konstruktionen höchst verwickelter Art; Komposition, Wesen und Wirkungsweise der verschiedenartigsten Materien, die gewaltigsten Vermessungen am Himmel und auf der Erde; Bahnberechnungen, Lichteffekte, Temperaturmaße, Höhenmessungen, Gesetze der Schwere, Bestimmung der Anfangs- und Endgeschwindigkeit fliegender Körper unter Einwirkung mannigfach sich kreuzender Kräfte; die ungelösten Fragen des Himmels, so über die Mondbewohner, den Bau der Erdrinde und die Komposition des Erdinnern bis in riesige Tiefen, die auf dem Festland und in den Meeren vorkommenden organischen Schöpfungen und die vorweltlichen Gebilde; Operationen, Rechnungsaufgaben, Instrumente und Apparate der mannigfachsten und sinnreichsten Art usw. Kurz, die Aufzählung ginge ins Ungemessene.

Das eigentliche Prachtmoment in Vernes Darstellungen sind die Bilder der kontinentalen, der maritimen und der Himmelslandschaften. Man nehme den Anblick des Himmels in einer dem Mond zustrebenden Höhe oder den des Mondes auf der von der Sonne abgewendeten Seite; man durchwandere die mit einem Reiz düsterer Art und einem fast geheimnisvoll sich ausprägenden Leben ausgestatteten Reiche des alleräußersten Südens und Nordens; man blicke in jene unermessliche Höhle mit dem Riesenmeer tief unten im Erdenschoß und mit der ganz erstaunlichen Wunderwelt der Urschöpfungen; oder aber auf die von Atlantis als untergegangenen Erdteil mit den Resten des organischen und des Menschenlebens – die letzteren zwei Gemälde insonderheit von grandios-majestätischer Wirkung; man mache den fabelhaften Spaziergang mit und die Jagdstreifereien auf dem Grund des Meeres. Man streiche im Ballon über die unzugänglichen Wüsten und mephitischen Sumpfgegenden Afrikas hin. Wir müssen auch hier mit einem sehr gedehnten und so weiter schließen. So liegen sie vor uns, lebensvoll, anschaulich, springend, greifbar und prachtvoll, Groß und Klein, Hunderte dieser Gemälde. • *Dr. J. J. H*

JULES VERNE
LE DOCTEUR OX
COLLECTION HETZEL

Ein Drama in den Lüften

Erzählung von Jules Verne

Museé des Familles • August 1851

Im Monat September des Jahres 185* kam ich in Frankfurt a. M. an, nachdem ich die Hauptstädte Deutschlands durchreist und verschiedene brillant gelungene Ballonfahrten ausgeführt hatte; bis jetzt aber war kein Bewohner des Bundesstaats geneigt gewesen, mich in meiner Gondel zu begleiten. Selbst die von den Herren Green, Eugène, Godard und Poitevin in Paris angestellten Versuche konnten die ersten Deutschen nicht dazu bewegen, sich in die Luft zu wagen.

In Frankfurt hatte sich jedoch kaum die Nachricht von meiner bevorstehenden Auffahrt verbreitet, als drei der Honoratioren bei mir vorsprachen und um Erlaubnis baten, mich begleiten zu dürfen. Zwei Tage später sollten wir vom Theaterplatz aus emporsteigen; ich musste mich also sofort damit beschäftigen, die Vorbereitungen dazu zu treffen. Mein Ballon war aus Seidenzeug gefertigt, das mit Guttapercha präpariert und somit gegen Säuren und Gas unempfindlich und total wasserdicht gemacht worden war; sein Umfang von 3000 Kubikmeter gestattete ihm, sich bis zu beträchtlicher Höhe zu erheben.

An dem Tage unserer Auffahrt war durch die große Septembermesse viel Volk in Frankfurt versammelt. Das Leuchtgas war mir in vorzüglicher Qualität und mit großer aufsteigender Kraft geliefert worden, und gegen elf Uhr morgens hatte ich den Ballon gefüllt; natürlich nur zu drei Vierteln, da dies eine durchaus notwendige Vorsichtsmaßregel ist. In dem Maße, wie man steigt, nimmt nämlich die Dichtigkeit der atmosphärischen Luftschichten ab, und so könnte das unter der Hülle des Luftschiffes eingeschlossene Fluidum die Wände des Ballons sprengen, wenn es an Elastizität gewinnt. Meine Berechnungen hatten genau die Gasmenge bestimmt, die notwendig war, um mich und meine Reisegefährten davon zu tragen.

Wir sollten um zwölf Uhr aufbrechen, und es gewährte einen prächtigen Anblick, wie die ungeduldige Menge sich an die Einfriedungen, die um den Ballon gezogen waren, drängte, den ganzen Platz überschwemmte, sich in den umliegenden Straßen aufhielt und die Fenster sämtlicher Häuser, die auf den Platz hinaus gingen, vom Erdgeschoss bis zum Dachboden besetzte. Der starke Wind der letzten Tage hatte sich gelegt, und eine drückende, wolkenlose Hitze herrsch-

›Ein Drama in den Lüften‹ erschien im August 1851 und wurde 1874 in leicht überarbeiteter Form in den Erzählungsband *Dr. Ox* aufgenommen. Die Geschichte enthält zahlreiche Motive, die Jules Verne in seinem ersten Roman *Fünf Wochen im Ballon* wieder aufgriff.

te in der Atmosphäre; nicht ein Hauch belebte die Luft. Bei solchem Wetter konnten wir an derselben Stelle wieder herabkommen, von der sich unser Ballon erhoben hatte.

Ich nahm dreihundert Pfund Ballast, in Säcke verteilt, mit mir. Die ganze runde Gondel hatte vier Fuß im Durchmesser, drei Fuß Tiefe, und war bequem eingerichtet. Das Hanfnetz, von dem sie getragen wurde, dehnte sich symmetrisch über die obere Hemisphäre des Luftschiffes aus; der Kompass war an seinem Platz, das Barometer hing in dem Kreise, in welchem die Tragetaue zusammenliefen, und der Anker wurde sorgfältig in Bereitschaft gehalten. Alles war zum Aufbruch fertig.

Unter den Personen, die um die Barriere standen, bemerkte ich einen jungen Mann mit blassem Antlitz und aufgeregten Zügen; es fiel mir auf, dass ich ihn hier sah, weil er schon bei meinen übrigen Luftfahrten in mehreren Städten Deutschlands ein sehr eifriger Zuschauer gewesen war. Er betrachtete mit einer gewissen unruhigen Gier meine interessante Maschine, die noch unbeweglich einige Fuß über dem Erdboden schwebte, und verhielt sich unter all seinen Nachbarn vollkommen schweigend.

Es schlug zwölf Uhr, und somit war der Augenblick zum Aufsteigen gekommen; meine Reisegefährten aber ließen sich nicht sehen.

Ich sandte nach der Wohnung eines jeden und erfuhr, dass der eine nach Wien, der andere nach Hamburg und der Dritte nach London abgereist sei. Der Mut hatte sie also noch im letzten Augenblick verlassen, und doch war diese Exkursion, Dank den Fortschritten, die die heutige Luftschifffahrt gemacht hat, vollständig gefahrlos. Da die Herren sich gesagt haben mochten, dass sie einen Teil des Festprogramms bildeten, war ihnen der angstvolle Gedanke gekommen, sie könnten gezwungen werden, wozu sie sich freiwillig erboten hatten, und so waren sie in demselben Moment, wo der Vorhang aufging, von dem Schauplatze geflohen. Ihr Mut stand augenscheinlich im umgekehrten Verhältnis zu dem Quadrat ihrer Geschwindigkeit … sich aus dem Staube zu machen.

Die halb getäuschte Menge ließ Unmut und üble Laune merken; ich selbst war keinen Augenblick darüber unschlüssig, dass ich nun allein aufbrechen wollte. Um das Gleichgewicht zwischen der spezifischen Schwere des Ballons und dem Gewicht, das befördert werden sollte, herzustellen, ersetzte ich meine Gefährten durch einige Sandsäcke und stieg in die Gondel.

Die zwölf Mann, von denen das Luftschiff an zwölf im Äquatorialkreise befestigten Seilen gehalten wurde, ließen die Stricke etwas durch ihre Finger gleiten, und der Ballon erhob sich um einige Fuß mehr. Nicht der leiseste Windhauch war zu spüren, es schien, als ob die bleischwere Atmosphäre undurchdringlich sei.

»Ist alles klar?«, rief ich.

Die Männer standen bereit; ein letzter Blick gab mir die Gewissheit, dass ich aufbrechen konnte.

»Achtung!«

Eine Regung tat sich in der Menge kund; man schien über die Einfriedung hinausgehen zu wollen.

»Alles losgelassen!«

Der Ballon stieg langsam empor, aber ich verspürte eine so heftige Erschütterung, dass ich mich nicht halten konnte und auf den Boden der Gondel niederstürzte.

Als ich wieder aufgestanden war, sah ich einen Reisegefährten neben mir; es war der blasse junge Mann.

»Genehmigen Sie meinen höflichsten Gruß, mein Herr«, sagte er mit der größten Ruhe.

»Mit welchem Recht ...«

»Ich mich hier befinde? ... nun, Sie sind jedenfalls nicht imstande, mich wieder fort zu schicken; das ist Recht genug!«

Ich war einigermaßen verdutzt. Dieser Gleichmut brachte mich für den Augenblick außer Fassung, und ich wusste nichts zu erwidern.

Ich sah mir den Eindringling an, er aber beachtete mein Staunen nicht weiter. »Stört mein Gewicht das Gleichgewicht Ihres Ballons, mein Herr? Gestatten Sie mir ...«

Und ohne meine Zustimmung abzuwarten, entlastete er den Ballon um zwei Säcke, die er hinausschleuderte.

»Herr«, sagte ich nun und fügte mich wohl oder übel in die Notwendigkeit, »Sie sind in den Ballon gelangt ... Gut! Sie sollen die Fahrt mitmachen ... Gut! ... Mir aber kommt die Leitung des Luftschiffes zu ...«

»Ihre Zuvorkommenheit ist echt französisch, mein Herr; sie entstammt demselben Lande, wie auch ich. Gestatten Sie, dass ich Ihnen moralisch die Hand drücke, da Sie mir dies in Wirklichkeit vorenthalten. Treffen Sie Ihre Maßregeln ganz, wie Sie es für gut finden; ich werde warten, bis Sie fertig sind ...«

»Worauf ...?«

»Um mit Ihnen zu plaudern.«

Das Barometer war auf sechsundzwanzig Zoll gefallen; wir befanden uns demnach sechshundert Meter hoch über der Stadt.

Aber nichts verriet die horizontale Verrückung des Ballons, da die Luftmasse, in der er eingeschlossen war, mit ihm ging. Leider hatte sich eine Art trüber Hitze über die Gegenstände zu unseren Füßen gelegt, so dass uns ihre Umrisse nur sehr unklar erschienen.

Ich sah mir von neuem meinen Gefährten an.

Er war etwa dreißig Jahre alt und trug einfache Kleidung; seine starken Züge deuteten auf unbezwingliche Energie,

und seine Muskulatur war sehr ausgebildet. Er stand regungslos, ganz von dem Staunen hingerissen, das ihm diese schweigende Auffahrt abnötigte. Er lehnte an dem Gondelrand und suchte die Gegenstände zu unterscheiden, die mehr und mehr in ein unbestimmtes Ensemble verschmolzen.

»Wie ärgerlich ist dieser Nebel!«, begann er nach einigen Minuten.

Ich antwortete nicht.

»Ich sehe, Sie sind böse auf mich!«, fuhr er fort. »Bah! ich konnte die Reise nicht bezahlen und musste so wohl den Weg des Überfalls wählen.«

»Es hat Sie niemand gebeten, jetzt herunterzusteigen, Herr!«

»Und wissen Sie denn nicht, dass ganz dasselbe den Grafen von Laurencin und von Dampierre geschah, als sie am 15. Januar 1784 in Lyon aufstiegen? Ein junger Kaufmann, mit Namen Fontaine, kletterte über die Galerie, und zwar mit großer Gefahr für die Maschine. Er hatte die Reise mitgemacht, und niemand ist dabei verunglückt.«

»Wenn wir wieder auf festem Boden sind, werden wir Zeit genug haben, uns auseinanderzusetzen«, entgegnete ich, durch seinen leichten Ton pikiert.

»Bah, denken wir jetzt noch nicht an die Rückkehr!«

»So glauben Sie nicht, dass ich bald herabsteigen werde?«

»Herabsteigen?«, sagte er überrascht. »Herabsteigen? Zunächst wollen wir doch höher hinaus.«

Und bevor ich dazwischen treten konnte, hatte er zwei Sandsäcke ergriffen und sie über den Gondelrand hinausgeschleudert, noch ehe sie ausgeleert waren.

»Herr!«, rief ich zornig aus.

»Ihre Geschicklichkeit ist mir sehr wohl bekannt«, sagte der Unbekannte langsam und bedächtig. »Ihre schönen Ballonfahrten haben allgemeines Aufsehen gemacht. Wenn man aber das Experiment die Schwester der Praxis nennt, so ist es auch einigermaßen mit der Theorie verwandt, und ich habe lange Studien über die Kunst der Aerostatik gemacht. Das ist mir in den Kopf gestiegen!« fügte er traurig hinzu und verfiel in tiefes Sinnen.

Nachdem der Ballon noch einmal gestiegen war, blieb er jetzt stationär.

Der Unbekannte sah nach dem Barometer und sagte:

»Wir sind achthundert Meter hoch! Die Menschen sehen von hier oben aus wie Insekten. Ich glaube, man müsste sie immer aus dieser Höhe betrachten, wenn man vernünftig über ihre Verhältnisse urteilen will! Der Theaterplatz gleicht jetzt einem ungeheuren Ameisenhaufen; sehen Sie, wie die Menge sich nach den Kais zieht und auf der Zeil vermindert. Jetzt sind wir über dem Dom. Der Main erscheint nur noch wie eine weißliche Linie, und jene Brücke, die Main-Brücke, sieht aus wie ein Faden, der über den Fluss gespannt ist.«

Die Atmosphäre hatte sich etwas abgekühlt.

»Es gibt wirklich nichts, was ich für Sie, meinen Herrn Wirt, nicht tun möchte«, fuhr mein Begleiter fort, »wenn Sie friert, bin ich bereit, meine Kleider auszuziehen und sie Ihnen zu leihen.«

»Danke!«, antwortete ich trocken.

»Bah! Wir wollen jetzt aus der Not eine Tugend machen – reichen Sie mir die Hand, ich bin ein Landsmann von Ihnen und gedenke, Sie mit meiner Unterhaltung für den Ärger, den ich Ihnen verursacht habe, zu entschädigen!«

Ich setzte mich, ohne irgend etwas auf seine Worte zu erwidern, am anderen Ende der Gondel nieder.

Der junge Mann hatte inzwischen aus den weiten Taschen seines Überrocks ein umfangreiches Heft geholt; es war eine Arbeit über die Aerostatik.

»Ich besitze eine interessante Sammlung von Stahlstichen und Karikaturen, die in Bezug auf unsere lustige Liebhaberei gefertigt sind«, hub er an. »Wie ist diese wertvolle Entdeckung zugleich bewundert und verhöhnt worden! Glücklicherweise sind wir nicht mehr in der Zeit, wo Männer wie Montgolfier mit Wasserdampf künstliche Wolken herstellten und Gas aus der Verbrennung feuchten Strohs und zersetzter Wolle zu erzeugen suchten.«

»Wollen Sie vielleicht das Verdienst der Erfinder verringern?«, fragte ich, denn ich hatte unterdessen beschlossen, mir das Abenteuer zunutze zu machen. »Es war doch immerhin Großes, die Möglichkeit, sich in die Lüfte zu schwingen, mit einem Versuch darzutun?«

»Wer wollte denn den Ruhm der ersten Luftschiffer in Abrede stellen, mein Herr? Es dokumentierte sich ein ungeheurer Mut darin, mittels so gebrechlicher Hüllen, die nur erwärmte Luft enthielten, emporzusteigen! Aber ich frage Sie, hat die Aerostatik seit den Aufsteigungen Blanchards, das heißt, seit beinahe einem Jahrhundert, große Fortschritte gemacht? Sehen Sie, mein Herr!«

Und der Unbekannte zog einen Kupferstich aus seiner Sammlung hervor.

»Hier ist die erste, von Pilâtre des Rosiers und dem Marquis d'Arlandes unternommene Luftreise abgebildet; nur vier Monate nachdem die Ballons erfunden waren. Ludwig XVI. hatte seine Erlaubnis zu dieser Reise verweigert und nur gestattet, dass zwei zum Tode Verurteilte die Luftbahnen beschritten. Pilâtre des Rosiers war empört über diese Ungerechtigkeit und brachte es durch viele Intrigen endlich dahin, die Reise selbst mitmachen zu dürfen. Man hatte damals die Gondel, durch die das Manöver so sehr erleichtert wird, noch nicht erfunden; nur eine kreisförmige Galerie lief rund um den unteren verengten Teil der Montgolfiere. Die beiden Aeronauten mussten sich also bewegungslos am Ende der Galerie halten, denn durch das feuchte Stroh, womit man dieselbe gefüllt hatte, war ihnen jede Bewegung untersagt. Über der Mündung des Ballons hing ein Kohlenbecken mit Feuer, und wenn die Reisenden steigen wollten, mussten sie – auf die Gefahr hin, ihre Maschine in Brand zu stecken – Stroh auf diesen Feuerherd werfen; dann gab die mehr erwärmte Luft dem Ballon neue aufsteigende Kraft. Die beiden kühnen Luftschiffer brachen am 21. November 1783 von den Gärten zu La Muette, die der Dauphin ihnen zur Disposition gestellt hatte, auf. Das Schiff hob sich majestätisch, fuhr an der Ile des Cygnes entlang, setzte an der Barrière de la Conférence über die Seine und näherte sich, zwischen dem Invalidendom und der Kriegsschule hinsteuernd, dem Saint-Sulpice. Nun verstärkten die Aeronauten das Feuer, überschritten den Boulevard und stiegen jenseits der Barrière d'Enfer wieder herab. Als der Ballon den Erdboden berührte, sank er in sich zusammen und begrub Pilâtre des Rosiers für einige Augenblicke unter seinen Falten.«

»Böse Vorbedeutung!«, rief ich; denn diese Einzelheiten waren für mich von großem Interesse gewesen.

»Die Vorbedeutung einer Katastrophe, die dem Unglücklichen späterhin das Leben kosten sollte«, fügte der Unbekannte in trübem Ton hinzu. »Haben Sie nie etwas davon erfahren?«

»Niemals.«

»Bah! Das Unglück kommt auch ohne Vorbedeutungen!« meinte der Reisegefährte und versank wieder in sein Sinnen. Wir waren unterdessen weiter nach Süden vorgerückt; Frankfurt war bereits unter unseren Füßen entflohen.

»Vielleicht bekommen wir ein Gewitter«, nahm der junge Mann seine Rede wieder auf.

»Wir werden zuvor herabsteigen«, sagte ich.

»Zum Beispiel! Lassen Sie uns lieber emporsteigen; auf diese Weise werden wir ihm sicherer entgehen.«

Und noch zwei andere Sandsäcke verschwanden im Raum unter uns.

Der Ballon stieg mit enormer Schnelligkeit und blieb zwölfhundert Meter hoch stehen; es wurde ziemlich kalt, und dabei fielen die Sonnenstrahlen noch auf die Hülle, dehnten das darin befindliche Gas aus und gaben ihm eine größere aufsteigende Kraft.

»Fürchten Sie nichts«, wandte sich der Unbekannte an mich; »wir haben 3500 Klafter atmungsfähige Luft; im Übrigen kümmern Sie sich nicht um das, was ich tue.«

Ich wollte aufspringen, aber eine kräftige Hand hielt mich auf meiner Bank zurück.

»Ihr Name?«, rief ich.

»Mein Name? Was kann Ihnen an meinem Namen liegen!«

»Ich frage Sie nach Ihrem Namen!«

»Nennen Sie mich Erostratus oder Empedokles, wie Sie wollen.«

Die Antwort war nichts weniger als beruhigend. Der Unbekannte sprach übrigens mit eigentümlicher Kaltblütigkeit, so dass ich mich nicht ohne Unruhe fragte, wer er sein mochte.

»Mein Herr«, fuhr er nach einer kleinen Pause fort, »man hat seit dem Physiker Charles nichts neues erdacht. Vier Monate nach Entdeckung der Aerostatik erfand dieser geschickte Mann die Klappe, durch die das Gas entweichen kann, wenn der Ballon zu voll ist, oder wenn man tiefer sinken will; sodann verdanken wir ihm die Gondel, welche die Manöver der Maschine erleichtert, das Netz, von dem der Ballon umspannt wird und das die Last auf seine ganze Oberfläche verteilt, den Ballast, durch den wir beliebig steigen und landen können, den Kautschuküberzug, der das Gewebe wasserdicht macht, und endlich das Barometer, das die erreichte Höhe angibt. Außerdem brachte Charles Wasserstoff in Anwendung, das vierzehn Mal leichter ist als Luft, und mit Hilfe dessen man in die höchsten atmosphärischen Schichten gelangen kann, ohne der Gefahr einer Feuersbrunst ausgesetzt zu sein. Am 1. Dezember 1783 drängten sich 300 000 Zuschauer um die Tuilerien, Charles stieg empor, und die Soldaten präsentierten vor ihm das Gewehr. Er machte neun französische Meilen in der Luft und lenkte seinen Ballon mit einer Geschicklichkeit, wie sie von den jetzigen Aeronauten noch nicht übertroffen ist. Der König setzte ihm hierauf eine Pension von 2000 Livres aus, denn damals wurden neue Erfindungen noch ermutigt!«

Es schien mir, als sei der Unbekannte von einer gewissen Aufregung ergriffen.

»Mein Herr«, nahm er den Faden seiner Rede wieder auf, »ich bin durch meine Studien hinlänglich davon überzeugt worden, dass die ersten Aeronauten ihre Ballons mit einem Steuer lenkten. Von Blanchard zu schweigen, dessen Behauptungen in Zweifel gezogen werden können, wusste doch Guyton Morveaux, mit Hilfe der Ruder und des Steuers, seiner Maschine merkliche Bewegungen und eine bestimmte Richtung mitzuteilen. Letzthin hat ein Pariser Uhrmacher, Herr Julien, auf dem Hippodrom überzeugende Versuche in dieser Beziehung angestellt; denn dank eines eigentümlichen Mechanismus kehrt sich sein länglich gestalteter Ballon entschieden gegen den Wind. Herr Petin ist darauf gekommen, vier Hydrogen-Ballons aneinander zu setzen, und hofft mittels horizontal gestellter und teilweise zusammengefalteter Segel einen Gleichgewichtsbruch zu erzielen, der den Apparat nach der Seite neigt und ihm einen schrägen Flug verleiht. Man spricht wohl von Motoren, die den Widerstand der Strömungen brechen sollen, zum Beispiel der Schraube, aber da diese sich in einem leicht nachgebenden Medium bewegt, wird sie kein Resultat liefern. Ich, mein Herr, bin bis jetzt der einzige, der Mittel und Wege entdeckt hat, durch das die Ballons gelenkt werden können; aber nicht eine einzige Stadt hat meine Subskriptionslisten gefüllt, nicht eine einzige Regierung hat auf mich hören wollen; es ist schändlich!«

Der Unbekannte erging sich in so heftigen Gestikulation, dass die Gondel gewaltsame Schwankungen erfuhr; ich hatte Mühe, ihn wieder zu beschwichtigen.

Inzwischen war der Ballon in eine raschere Strömung gekommen, und wir rückten in einer Höhe von 1500 Meter gegen Süden vor.

»Dort ist Darmstadt, rief mein Begleiter und bog sich über den Rand der Gondel. Können Sie das Schloss sehen? Ganz undeutlich, nicht wahr? Bei dieser Gewitterschwüle scheinen die Gegenstände dort unten hin und her zu schwanken, und man muss ein gutes Auge haben, um die Örtlichkeit genau zu erkennen!«

»Sind Sie sicher, dass das Darmstadt ist?« fragte ich.

»Gewiss«, erwiderte er, »wir befinden uns jetzt sechs Stunden von Frankfurt.«

»Dann müssen wir uns herablassen.«

»Herablassen? Soll der Ballon etwa an einem Kirchturm hängenbleiben?« fragte der Unbekannte mit höhnischem Lächeln.

»Nein, ich werde einen Punkt in der Umgebung der Stadt wählen«, erwiderte ich. »Gehen wir den Kirchtürmen so viel wie möglich aus dem Wege!«

Mit diesen Worten griff mein Reisegefährte abermals nach den Ballastsäcken. Ich stürzte auf ihn zu, aber er warf mich mit einer Hand zu Boden, und der erleichterte Ballon stieg auf eine Höhe von 2000 Metern.

»Seien Sie ganz ruhig«, rief er, »und bedenken Sie, dass Brioschi, Biot, Gay-

Lussac, Bixio und Barral ihre wissenschaftlichen Versuche in noch beträchtlicheren Höhen gemacht haben.

»Mein Herr, wir müssen jetzt hinabsteigen«, sagte ich und versuchte, ihn mit Güte zu bewegen. Das Gewitter zieht sich um uns zusammen; wir würden unklug handeln …«

»Bah! Wir gehen hoch darüber hinaus und kümmern uns nicht weiter darum!« rief mein Begleiter. »Was kann es Schöneres geben, als diese Wolken zu beherrschen, die die Erde zu erdrücken scheinen! Ist es nicht ehrenvoll, so durch die Flut der Luft zu schiffen? Die bedeutendsten Leute sind gereist wie wir jetzt. Die Marquise und die Gräfin von Montalembert, die Gräfin von Podenas, Fräulein La Garde, der Marquis von Montalembert sind von der Vorstadt Saint-Antoine in diese unbekannten Regionen gereist, und der Herzog von Chartres hat bei seiner Aszension am 15. Juli 1784 große Geschicklichkeit und Geistesgegenwart bewiesen. In Lyon haben die Grafen von Laurencin und Dampierre, in Nantes Herr von Luynes, in Bordeaux d'Arbelet de Granges, in Italien der Ritter Andreani, in unseren Tagen der Herzog von Braunschweig die Spuren ihres Ruhms in den Lüften hinterlassen. Um es diesen bedeutenden Persönlichkeiten zuvor zu tun, muss man höher als sie in die Himmelsregionen vordringen! Sich dem Unendlichen nähern, heißt so viel, als die Unendlichkeit begreifen!«

Die zunehmende Verdünnung der Luft dehnte das Wasserstoffgas den Ballon beträchtlich aus, und ich sah, wie sein unterer, mit Absicht leer gelassener Teil anschwoll, so dass das Öffnen der Klappe notwendig wurde. Da mein Begleiter nicht geneigt schien, mich nach meiner Weise manövrieren zu lassen, so beschloss ich, heimlich das Seil der Klappe zu ziehen, während er lebhaft sprach und gestikulierte. Ich fürchtete zu erraten, mit wem ich es zu tun hatte; doch nein – es wäre zu entsetzlich gewesen, wenn sich meine Vermutung bestätigte! Wir hatten jetzt drei Viertel auf ein Uhr und waren genau vor vierzig Minuten in Frankfurt aufgestiegen. Von der Südseite her schwebten gegen den Wind dichte Wolken auf uns zu.

»Haben Sie alle Hoffnung aufgegeben, Ihren Kombinationen zum Siege zu verhelfen?«, fragte ich mit sehr eigennützigem Interesse.

»Vollständig!«, erwiderte dumpf der Unbekannte. »Von abschlägigen Antworten und Karikaturen aufs Tiefste verletzt, habe ich mich endlich zurückgezogen. Eselsfußtritte sind die heutzutage allen Neuerern vorbehaltene Strafe. Wollen Sie sich gefälligst diese Karikaturenzeichnungen aus verschiedenen Zeiten ansehen, mit denen meine Brieftasche gespickt ist?«

Während mein Gefährte seine Papiere durchblätterte, hatte ich, ohne dass er es bemerkte, das Seil der Klappe ergriffen; ich fürchtete jedoch, dass er auf jenes wasserfallähnliche Pfeifen aufmerksam werden würde, das beim Entweichen des Gases entsteht.

»Wie viel Späße sind allein schon über den Abt Miolan gemacht worden!«, fuhr der Unbekannte fort. »Er sollte mit Janninet und Bredin aufsteigen. Während der Operation aber wurde ihre Montgolfière vom Feuer ergriffen und von dem unwissenden Pöbel in Stücke zerrissen! Dann erhielten sie in der Karikatur die Namen der merkwürdigen Tiere Miaulant, Jean Minet und Gredin.«

Ich zog das Seil der Klappe, und das Barometer begann wieder zu steigen. Es war höchste Zeit, in der Ferne, südlich von uns, grollte bereits der Donner.

»Betrachten Sie bitte diesen anderen Stahlstich«, sagte mein Reisegefährte, ohne von meinem Manöver Notiz zu nehmen. »Es ist ein ungeheurer Ballon, der ein Schiff, feste Schlösser, Häuser usw. mit sich fortführt. Die Karikaturenzeichner haben es sich nicht träumen lassen, dass ihre Albernheiten dereinst zur Wahrheit werden würden! Das Schiff ist vollständig; sehen Sie zur Linken sein Steuer nebst dem Logis der Steuerleute; am Vorderteil Vergnügungshäuser und riesenhafte Geschütze, um die Aufmerksamkeit der Erdenbewohner oder des Mondes zu erregen; über dem Hinterteil das Observatorium und die Ballon-Schaluppe; im Äquatorialkreis das Logis der Mannschaft; zur Linken die Schiffslaterne, dann die oberen Galerien für die Spaziergänger, die Segel, die kleinen Flügel; unten die Cafés und das Hauptmagazin für die Lebensmittel. Bewundern Sie einmal diese brillante Annonce: ›Dieser Globus, der zum Heil des Menschengeschlechts erfunden ist, wird sofort nach den Stapelplätzen der Levante abgehen und nach seiner Rückkehr von dort seine Reisen nach den beiden Polen und nach dem äußersten Westen ins Werk setzen.‹ «

»Man hat sich um nichts zu kümmern; für alles sind Vorkehrungen getroffen, und alles wird gutgehen. Für die Stationen wird ein genauer Tarif festgesetzt werden, aber die Preise werden für jede Entfernung die gleichen sein, nämlich 1000 Louisd'ors für jede beliebige der erwähnten Reisen. In Anbetracht der Schnelligkeit, Bequemlichkeit und aller Annehmlichkeiten, deren man sich in besagter Anstalt zu erfreuen hat, darf man wohl sagen, dass dieser Preis ein sehr mäßiger ist. Ein jeder trifft dort an, was ihm genehm ist; die einen können zur Capelli kommen, die anderen auf den Ball; diese werden fasten, jene vortrefflich schmausen; wer eine geistreiche Unterhaltung liebt, findet Leute, mit denen er plaudern und diskutieren kann, und auch der Dummkopf soll seinesgleichen nicht vermissen. So wird die Seele der lustigen Gesellschaft das Vergnügen sein! Alle diese Erfindungen haben Anlass zum Lachen gegeben… aber wenn meine Tage nicht gezählt wären, würde man binnen kurzem sehen, dass diese in die Luft gebauten Pläne sich in Wirklichkeit umgestalten können!«

Wir stiegen bedeutend herab, er aber bemerkte es nicht.

»Sehen Sie noch diese Art von Ballonspielen«, begann er von neuem, indem er einige Kupferstiche seiner reichhaltigen Sammlung vor mir ausbreitete. »Dies Spiel enthält die ganze Geschichte der Aerostatik; es ist in gebildeten Kreisen sehr beliebt und wird mit Würfeln und Marken gespielt, über deren Wert man sich vorher geeinigt hat. Die Spielenden bezahlen oder erhalten eine Anzahl Marken, je nach dem Felde, zu dem sie kommen.«

»Nun«, versetzte ich, »Sie scheinen die Wissenschaft der Luftfahrt gründlich studiert zu haben!«

»Das habe ich allerdings, mein Herr! Seit Phaeton, Ikarus, Architas habe ich alles untersucht, alles nachgelesen, mich über alles unterrichtet. Wenn Gott mir das Leben schenkte, würde die Aerostatik durch mich der Welt große Dienste leisten können, aber das wird nicht der Fall sein!«

»Und weshalb nicht?«

»Weil ich Empedokles oder Erostratus heiße!«

Inzwischen hatte sich der Ballon glücklich der Erde genähert; wenn man jedoch herabsteigt, ist die Gefahr gleich groß, ob man fünftausend oder nur hundert Fuß von der Erde entfernt ist!

»Erinnern Sie sich der Schlacht bei Fleurus?«, fuhr mein Begleiter fort, und seine Züge belebten sich mehr und mehr. »Für diesen Kampf organisierte Coutelle auf Befehl der Regierung eine Kompanie von Luftschiffern. Bei der

Belagerung von Maubeuge schöpfte der General Jourdan so große Vorteile aus dieser neuen Beobachtungsweise, dass Coutelle sich täglich zweimal mit dem General in die Lüfte erhob; die Korrespondenz zwischen dem Aeronauten und den Leuten, die den Ballon festhielten, wurde mittels kleiner weißer, roter und gelber Fähnchen bewirkt. Oft feuerte man Kanonen- und Flintenschüsse auf den Ballon ab, wenn er emporstieg, jedoch immer ohne Erfolg. Als Jourdan sich anschickte, Charleroi zu belagern, begab sich Coutelle in die Nähe der Festung, stieg von der Ebene von Jumet auf und blieb sieben bis acht Stunden mit dem General Morlot auf dem Observationsposten, was jedenfalls viel dazu beitrug, uns bei Fleurus den Sieg zu verschaffen; auch proklamierte General Jourdan laut, welche Hilfe ihm die aeronautischen Beobachtungen gewährt hätten. Nun! Trotz aller Dienste, die bei dieser Gelegenheit und während des belgischen Feldzuges die Luftschifffahrt leistete, endigte ihre militärische Laufbahn noch in demselben Jahre, da sie begonnen, und die von der Regierung gegründete Schule zu Meudon wurde von Bonaparte geschlossen, als er aus Ägypten zurückkehrte! ›Was hätte alles aus diesem eben erst geborenen Kinde werden können!‹ hat damals Franklin geäußert. Es hätte nicht erstickt werden dürfen!«

Der Unbekannte bedeckte sein Antlitz mit beiden Händen und sann einige Augenblicke nach. Dann sagte er, ohne den Kopf nach mir zu wenden:

»Sie haben die Klappe geöffnet, mein Herr, trotzdem ich es Ihnen verboten hatte!«

Ich ließ das Seil fahren.

»Glücklicherweise haben wir noch dreihundert Pfund Ballast«, bemerkte er.

»Welche Pläne haben Sie noch?«, fragte ich nunmehr.

»Sind Sie noch nie über See gefahren?« gab er mir als Antwort zurück.

Ich fühlte, wie ich erbleichte.

»Es ist verdrießlich, dass wir nach dem Adriatischen Meere hingetrieben werden«, fügte er hinzu, »das ist nur ein Bach! Vielleicht finden wir aber weiterhin andere Luftströmungen!«

Und ohne mich auch nur mit einem Blick zu befragen, entlastete er den Ballon um mehrere Sandsäcke. Dann rief er mit drohender Stimme:

»Ich habe zugelassen, dass Sie die Klappe öffneten, weil die Ausdehnung des Gases den Ballon zu sprengen drohte; versuchen Sie dergleichen aber nicht noch einmal!«

Dann nahm er seinen Vortrag wieder auf.

»Sie kennen zweifelsohne die von Blanchard und Jefferies ausgeführte Überfahrt von Dover nach Calais! Herrlich! Ihr Ballon wurde am 7. Januar 1785 bei Nordwestwind auf der Küste von Dover mit Gas geschwellt; ein Fehler im Gleichgewicht zwang sie, bald nach dem Aufsteigen ihren Ballast bis auf dreißig Pfund auszuwerfen, wenn sie nämlich nicht zurückfallen wollten. Dies war entschieden zu wenig, und da der Wind nicht sehr frisch war, rückten sie nur sehr langsam nach der französischen Küste vor. Außerdem wurde der Ballon allmählich durch die Undichtigkeit seines Gewebes schlaff, und so merkten die Reisenden bereits nach anderthalb Stunden, dass er fiel.

›Was sollen wir machen?‹, fragte Jefferies.

›Wir haben erst den vierten Teil unseres Weges zurückgelegt und sind in sehr geringer Höhe‹, meinte Blanchard. ›Vielleicht treffen wir einen günstigeren Wind an, wenn wir steigen.‹

›So wollen wir auswerfen, was uns noch an Ballast geblieben ist!‹

Der Ballon gewann durch diese Operation an aufsteigender Kraft, begann aber alsbald wieder zu fallen. Als die Aeronauten die Hälfte ihres Weges hinter sich hatten, mussten sie ihre Bücher und Werkzeuge über Bord werfen. Eine Viertelstunde später fragte Blanchard nach dem Stande des Barometers.

›Er steigt! Wir sind verloren, und doch liegt die französische Küste vor unseren Augen!‹

Ein lautes Geräusch ließ sich vernehmen.

›Ist der Ballon zerrissen?‹, fragte Jefferies.

›Nein, aber der Verlust des Gases hat seinen unteren Teil erschlafft; wir fallen immer mehr, wir sind unrettbar verloren! Herunter mit allen unnötigen Dingen!‹

Der Mundvorrat, die Ruder und das Steuer wurden ins Meer geworfen. Die

Aeronauten schwebten nur noch etwa hundert Meter hoch über dem Wasserspiegel.

›Wir steigen wieder‹, sagte der Doktor.

›Nein, dieser Aufschwung wird nur durch die Gewichtsveränderung hervorgebracht! Und nicht ein einziges Schiff in Sicht! Nicht die kleinste Barke ist am Horizont zu sehen! Werfen wir unsere Kleider in das Meer!‹

Die Unglücklichen führten auch dies aus, aber der Ballon sank unaufhaltsam!

Blanchard schlug nun Jefferies vor, ›Sie wollten die Fahrt allein antreten und haben nur auf meine Bitten eingewilligt, die Reise mit mir zu machen. Ich werde mich ins Wasser stürzen, und der erleichterte Ballon kann dann wieder steigen!‹

›Nein, nein, das wäre zu schrecklich!‹

Der Ballon wurde schlaffer und schlaffer; seine Wölbung glich einem Fallschirm, drängte das Gas an die Wände und beschleunigte so sein Entweichen.

›Leben Sie wohl, mein Freund, Gott erhalte Sie!‹, sagte der Doktor und wandte sich, um ins Meer hinabzuspringen. Aber Blanchard hielt ihn zurück.

›Warten Sie; es bleibt uns noch eine Möglichkeit!‹, rief er. ›Wir können die Taue abhauen, von denen die Gondel gehalten wird, und uns an das Netz klammern. Vielleicht erhält der Ballon schon dadurch die notwendige aufsteigende Kraft. Halten Sie sich bereit! Ah! das Barometer fällt; der Wind wird frischer; wir steigen! Rettung! Rettung!‹

Die Reisenden sahen Calais auftauchen, ihre Freude grenzte fast an Wahnsinn. Wenige Augenblicke später ließen sie sich in dem Walde nahe bei Guines zur Erde nieder.«

»Ich darf wohl mit Bestimmtheit annehmen«, fügte der Unbekannte hinzu, »dass Sie sich unter ähnlichen Verhältnissen nach dem Beispiel des Doktor Jefferies richten würden?«

Die Wolken entrollten sich unter unseren Augen in blendender Masse; der Ballon warf seinen Schatten darauf und wurde gleichsam in eine Strahlenkrone gehüllt. Der Donner grollte unter der Gondel, es war furchtbar!

»Wir müssen hinabsteigen!«, rief ich.

»Hinabsteigen, wenn dort die Sonne auf uns wartet? Hinunter mit den Säcken!«

Und der Ballon war abermals um fünfzig Pfund leichter geworden.

In einer Höhe von dreitausendfünfhundert Metern blieben wir stationär. Der Unbekannte sprach fortwährend und schien vollständig in seinem Element zu sein, während ich mich in einem Zustande größter Anspannung befand.

»Bei gutem Winde würden wir sehr weit fliegen können!«, rief er. »Auf den Antillen gibt es Luftströmungen, die hundert Meilen pro Stunde zurücklegen! Zur Zeit der Krönung Napoleons ließ Garnerin um elf Uhr abends einen erleuchteten, mit farbigen Gläsern versehenen Ballon steigen; der Wind wehte aus Nord-Nord-West, und am folgenden Morgen sahen die Einwohner Roms den Aerostaten über dem Dom des heiligen Peter schweben. Wir werden noch weiter kommen … und höher!«

Ich hörte kaum, was er sagte. Alles summte um mich herum! In den Wolken entstand jetzt ein Riss.

»Sehen Sie diese Stadt«, sagte der Unbekannte, »es ist Speier!«

Ich neigte mich über den Gondelrand und bemerkte einen kleinen schwärzlichen Fleck. – Das war Speier! Der breite Rheinstrom glich einem aufgerollten Bande; über uns strahlte der Himmel in schönstem Azurblau; die Vögel hatten uns seit langer Zeit verlassen, denn in dieser verdünnten Luft wäre ihr Flug unmöglich gewesen. Ich war mit diesem Unbekannten allein im Weltenraum!

»Es ist unnötig für Sie zu wissen, wohin ich unseren Ballon führen will«, sagte er und schleuderte den Kompass in die Wolken. »Ach! Es muss herrlich sein, zu fallen! Die Luftschifffahrt zählt bekanntlich von Pilâtre des Rosiers bis auf den Leutnant Gale nur wenige Opfer, und diese Unglücksfälle entstanden regelmäßig durch Unvorsichtigkeit. Pilâtre des Rosiers brach am 13. Juni 1785 mit Romain von Boulogne auf. Er hatte an seinem mit Gas gefüllten Ballon eine Montgolfiere mit erwärmter Luft aufgehängt, wahrscheinlich um nicht Gas zu verlieren oder Ballast auswerfen zu müssen. Diese Einrichtung war etwa ebenso tollkühn, als wenn man ein Kohlenbecken unter einer Pulvertonne anbringen wollte! Die Unvorsichtigen kamen vierhundert Meter hoch und wurden von widrigen Winden erfasst, die sie aufs offene Meer jagten. Pilâtre wollte jetzt, um das Sinken herbeizuführen, die Klappe des Aerostaten öffnen, aber das Seil hatte sich in den Ballon verhakt und zerriss ihn arg und so plötzlich, dass er in einem Augenblick geleert wurde. Er viel auf die Montgolfiere, brachte sie ins Drehen und riss die Unglücklichen herunter. Sie waren in wenigen Sekunden zerschellt. Es ist schrecklich, nicht wahr?«

Ich konnte nur die Worte erwidern: »Um Himmels willen, steigen wir herab!«

Die Wolken drängten sich von allen Seiten um uns zusammen, und furchtbare Detonationen, die in der Wölbung des Aerostaten widerhallten, krachten um uns.

»Sie werden es so weit treiben, dass ich ungeduldig werde!«, rief mein Reisegefährte; »Ich lasse Sie von nun an nicht mehr wissen, wann wir steigen oder fallen.«

Und das Barometer nebst mehreren Sandsäcken wurden dem Kompass nachgeschleudert. Wir mussten jetzt fünftausend Meter hoch sein. An den Wänden der Gondel hafteten bereits einige Eisstücke, ein feiner Schnee fiel auf uns nieder und erkältete mich bis aufs Mark. Und doch donnerte ein starkes Gewitter tief unter uns.

»Fürchten Sie nichts«, redete mir der Unbekannte zu. »Nur Unvorsichtige kommen auf Luftreisen um. Olivari zum Beispiel, der in Orleans verunglückte, stieg in einer Montgolfiere aus Papier empor. Natürlich wurde seine Gondel, die unter dem Kohlenbecken hing und mit brennbaren Stoffen angefüllt war, ein Raub der Flammen. Olivari stürzte und fand seinen Tod! Mosment erhob sich in Lille, und zwar auf einer leichten Scheibe; infolge einer kleinen Schwankung fiel er auf den Erdboden herab und fand seinen Tod! Bittorf in Mannheim sah, wie sein aus Papier gefertigter Ballon in der Luft Feuer fing; Bittorf fiel und fand seinen Tod! Harris stieg in einem schlecht konstruierten Ballon auf; die Klappe war viel zu groß und ließ sich nicht wieder schließen.

Harris stürzte herab und fand seinen Tod! Sadler war durch eine sehr lange Fahrt all seines Ballasts beraubt worden; die Strömung riss ihn über Boston hinweg und schleuderte ihn an die Schornsteine; so fiel auch er und fand seinen Tod! Coking wollte mit einem Fallschirm, den er als eine Vervollkommnung ausgab, herabsteigen; derselbe überschlug sich jedoch, und Coking fand seinen Tod! Ich habe mich immer für diese Opfer der Unvorsichtigkeit interessiert; ich liebe sie und will sterben, wie sie gestorben sind, Höher! Höher!«

Ich sah alle Schreckbilder dieses Nekrologs vor meinen Augen vorüberziehen. Die Verdünnung der Luft und die Sonnenstrahlen beförderten die Ausdehnung des Gases, und so stieg der Ballon noch immer. Ich ergriff mechanisch das Seil, um die Klappe zu öffnen, aber der Unbekannte sprang hinzu und hieb es einige Fuß über meinem Haupte durch ... Ich war verloren!

»Haben Sie mit angesehen, wie Madame Blanchard fiel?«, fragte er nun. »Ich war zugegen und beobachtete alles mit diesen, meinen eigenen Augen. Madame Blanchard stieg am 6. Juli 1819 in Tivoli auf und zwar, aus Sparsamkeit, in einem sehr kleinen Ballon, den sie seines geringen Umfangs wegen bis obenhin füllen musste. Auch entweichte das Gas durch den unteren Ansatz und ließ einen förmlichen Streifen von Hydrogen hinter sich zurück. Madame Blanchard hatte eine Art künstliche Strahlenkrone, die an einem Eisendraht unter ihrem Ballon hing, mitgenommen, um sie unterwegs in Brand zu stecken; sie hatte dieses Experiment bereits zu verschiedenen Malen ausgeführt. Außerdem war sie an dem genannten Tage noch mit einem kleinen Fallschirm versehen, der eine Kugel mit Feuerwerk und Silberregen trug. Madame Blanchard wollte diesen Apparat mit einer Feuerlanze, die eigens zu diesem Zweck gefertigt war, anzünden und sie dann fortschleudern. Die Dame stieg in finsterer Nacht empor, aber als sie ihr Feuerwerk in Brand stecken wollte, beging sie die Unvorsichtigkeit, die Feuerlanze unter der Hydrogensäule, die aus dem Ballon entwich, vorbei zu führen. Ich hielt meine Blicke fest auf sie gerichtet und sah, wie plötzlich ein unerwarteter Lichtschein die Finsternis erhellte. Zuerst vermutete ich eine Überraschung der geschickten Aeronautin; der Schein vergrößerte sich, verschwand dann und zeigte sich plötzlich wieder in Gestalt eines ungeheuren, brennenden Gasstrahles an der Spitze des Luftschiffs. Die unheilkündende Flamme warf ihren Schein auf den Boulevard und das ganze Viertel des Montmartre. Ich sah, wie die unglückliche Frau sich erhob und zweimal versuchte, den Ansatz des Ballons zusammen zu drücken, um das Feuer zu löschen. Als sie sah, dass dies ohne Erfolg blieb, versuchte sie ihr Absteigen zu lenken, denn sie fiel nicht; die Gasverbrennung dauerte mehrere Minuten, während der Ballon immer mehr zusammenschrumpfte und langsam sank. Der Wind wehte aus Nord-West und warf das Luftschiff nach Paris zurück. In der Rue de Provence, neben dem Hause Nr. 16, befanden sich damals große Gärten, und die Aeronautin hätte ohne Gefahr herabsinken können; das Verhängnis wollte es anders. Ballon und Gondel kamen auf das Dach des Hauses herunter, aber der Stoß war unbedeutend. ›Zu Hilfe!‹ rief die Unglückliche. In diesem Augenblick gelangte ich auf die Straße und sah, wie die Gondel auf dem Dach entlangglitt und an eine eiserne Krampe stieß. Durch diese Erschütterung wurde Madame Blanchard aus ihrer Gondel auf das Straßenpflaster hinabgeschleudert und fand ihren Tod!«

Diese Erzählungen hatten mein Blut vor Schauder erstarren lassen. Der Unbekannte stand barhäuptig, mit gesträubtem Haar und wirrblickenden Augen vor mir.

Es war keine Täuschung mehr möglich; ich hatte es mit einem Wahnsinnigen zu tun.

Er warf jetzt noch den übrigen Ballast fort, und wir schwebten in einer Höhe von mindestens neuntausend Metern; das Blut drang mir aus Mund und Nase!

»Was gibt es Herrlicheres, als sich zu den Märtyrern der Wissenschaft zählen zu dürfen!«, rief der Wahnsinnige. »Sie werden von der Nachwelt heiliggesprochen.«

Ich sah und hörte auf nichts mehr; aber der Unbekannte kniete neben mir nieder und sprach unmittelbar an meinem Ohr weiter:

»Ist Ihnen die Katastrophe von Herrn Zambecarri bekannt? Merken Sie wohl auf: Am 7. Oktober schien das Wetter etwas besser zu werden; während all der vorhergehenden Tage hatte es gestürmt und geregnet, so dass die von Zambecarri angekündigte Aszension nicht hatte stattfinden können. Nun jedoch konnte er die Luftreise nicht länger aufschieben; seine Feinde fingen bereits an, ihn zu verspotten, und er musste sich und die Wissenschaft jetzt wohl oder übel von dem Fluch der Lächerlichkeit retten. Er befand sich in Bologna; niemand stand ihm bei der Füllung seines Ballons bei.

Um Mitternacht stieg er, von Andréoli und Grossetti begleitet, empor; der Ballon erhob sich langsam, denn er war vom Regen durchweicht und beschädigt, und das Gas entwich schon jetzt. Die drei kühnen Reisenden konnten nur mit einer Blendlaterne ihr Barometer beobachten. Zambecarri hatte seit vierundzwanzig Stunden nichts gegessen, und auch Grossetti war nüchtern.

›Der Frost schüttelt mich,‹ sagte Zambecarri, ›ich bin erschöpft und werde sterben!‹

Er sank bewusstlos an der Galerie nieder; Grossetti erging es ebenso. Andréoli allein blieb wach. Nach wiederholten Bemühungen gelang es ihm, Zambecarri aus seiner Betäubung aufzurütteln.

›Was gibt es? Wohin fahren wir? Woher kommt der Wind? Wie viel Uhr ist es?‹

›Es ist zwei Uhr.‹

›Wo ist der Kompass?‹

›Er ist umgefallen.‹

›Gott im Himmel! das Licht in der Laterne erlischt!‹

›Es kann in dieser so sehr verdünnten Luft nicht mehr brennen‹, erklärte Zambecarri.

Der Mond war noch nicht aufgegangen und es herrschte eine undurchdringliche Finsternis.

›Mich friert, mich friert! Andréoli, was sollen wir beginnen?‹

Die Unglücklichen durchschifften langsam eine Schicht weißlicher Wolken. ›Still!‹, sagte Andreoli; ›Hörst Du nichts? – Ich meine ein sonderbares Geräusch zu vernehmen.‹

›Du irrst Dich!‹

›Nein!‹

Sehen Sie hier die Reisenden, wie sie mitten in der Nacht auf das unbegreifliche Geräusch lauschen. Sie wissen nicht, ob sie im nächsten Augenblick an einen Turm stoßen oder auf Dächer hinunter stürzen werden!

›Hörst Du es jetzt? Es klingt wie Meeresbrausen!‹

›Unmöglich!‹

›Und doch! Es ist das Rauschen der Wogen!‹

›Gewiss und wahrhaftig!‹

›Licht! Licht!‹

Nach fünf fruchtlosen Versuchen gelang es endlich Andréoli, Licht anzuzünden. Es war jetzt um drei Uhr. Das Geräusch der Wogen ließ sich aus immer größerer Nähe, immer gewaltiger vernehmen; das Luftschiff streifte fast an der Oberfläche des Meeres hin.

›Wir sind verloren!‹, schrie Zambecarri und griff nach einem schweren Sack mit Ballast.

›Zu Hilfe!‹, rief Andréoli.

Die Gondel berührte das Wasser, und die Flut stieg den Reisenden bis an die Brust.

›Ins Meer mit den Instrumenten! Die Kleider, das Geld ins Meer!‹

Die Aeronauten entblößten sich voll-

ständig, und der Ballon hob sich nun mit rasender Schnelligkeit. Zambecarri bekam arges Erbrechen, und Grossetti blutete heftig. Die Armen konnten kein Wort hervorbringen, so kurz war ihr Atem. Es fror, und in wenigen Minuten waren die Armen mit einer Eiskruste bedeckt. Der Mond schien rot wie Blut.

Nachdem die Maschine eine halbe Stunde lang diese hohen Regionen durchstreift hatte, fiel sie um vier Uhr morgens wieder ins Meer zurück. Die Schiffbrüchigen standen bis zur Hälfte ihres Körpers im Wasser, und der Ballon schleppte sie, auf der Oberfläche des Meeres schwimmend, mehrere Stunden weit fort.

Als der Tag anbrach, fanden sie sich Pesaro gegenüber, vier Meilen von der Küste, und gedachten zu landen, als ein Windstoß sie erfasste und auf die hohe See zurück schleuderte.

Sie waren verloren! Jede Barke floh entsetzt, so wie sie sich ihr näherten, ... Glücklicherweise begegneten sie endlich einem gebildeteren Schiffer, der sie an Bord holte und in Ferrada ans Land setzte.

Eine entsetzliche Reise, nicht wahr? Aber Zambecarri bewährte sich als ein braver, energischer Mann. Kaum war er von seinen Leiden wiederhergestellt, so begann er seinen Aufstieg von neuem. Während einer derselben stieß er an einen Baum, wobei sich die brennende Spirituslampe auf seine Kleider ergoss und er von Feuer förmlich eingehüllt wurde, auch seine Maschine hatte bereits Feuer gefangen, als er endlich, halb verbrannt, wieder auf der Erde ankam.

Zuletzt, am 21. September, führte er noch eine Fahrt in Bologna aus, sein Ballon hakte sich an einen Baum, die Spirituslampe setzte den kühnen Schiffer abermals in Brand, Zambecarri stürzte herab und fand seinen Tod!

Und im Angesicht all dieser Tatsachen könnten wir noch schwanken? Nein! Je höher wir steigen, desto ruhmvoller wird unser Ende sein!«

Als der Ballon von allen Gegenständen, die er enthalten hatte, befreit war, schwebten wir in Höhen, die nicht mehr abgeschätzt werden konnten. Der Aerostat vibrierte in der Atmosphäre; das geringste Geräusch ließ die himmlischen Gewölbe explodieren. Unser Ballon, der einzige Gegenstand, den mein Auge in der Unermesslichkeit erfasste, schien bereits der Vernichtung anheim zu fallen; über uns verlor sich die Höhe des Himmels in tiefer Finsternis.

Ich sah, wie das Individuum sich neben mir aufrichtete.

»Die Stunde ist gekommen, wir müssen sterben!« sprach er zu mir. »Die Menschen haben uns ausgestoßen und verachtet; wir wollen uns dafür rächen und sie zerschmettern!«

»Erbarmen!«, flehte ich.

»Hauen wir die Seile ab!«, rief er. »Diese Gondel sei ausgesandt in den Weltenraum! Die Attraktionskraft wird ihre Richtung ändern, und so können wir noch heute an der Sonne landen!«

Die Verzweiflung galvanisierte mich; ich stürzte auf den Wahnsinnigen zu, wir fassten uns, und ein furchtbares Ringen begann. Aber ich wurde niedergeworfen, und während der Rasende auf mir kniete und mich auf diese Weise festhielt, hieb er die Seile der Gondel durch.

»Eins!…« zählte er.

»Gott!…«

»Zwei!… Drei!…«

Ich machte eine übermenschliche Anstrengung, richtete mich empor und stieß den Unsinnigen mit Gewalt zurück.

»Vier!«, rief er jetzt.

Die Gondel fiel, aber instinktiv klammerte ich mich an das Tauwerk und wickelte mich in die Maschen des Netzes.

Der Rasende war in der Leere verschwunden, während mein Ballon zu unermesslichen Höhen emporgetragen wurde!

Ein betäubendes Krachen ließ sich hören!… Das zu sehr ausgedehnte Gas hatte die Hülle gesprengt. Ich schloss die Augen…

Nach einigen Sekunden wurde ich durch eine feuchte Wärme wieder zum Bewusstsein gebracht; ich schwebte mitten in Feuerwolken. Der Ballon drehte sich mit schwindelnder Schnelligkeit

und legte, vom Winde erfasst, hundert Meilen pro Stunde in seiner horizontalen Bahn zurück. Um ihn her zuckten Blitze.

Mein Fall war indessen nicht sehr rasch; als ich endlich die Augen wieder öffnete, bemerkte ich Land. Trotzdem schwebte ich in größter Gefahr; denn in einer Entfernung von etwa zwei Meilen bemerkte ich das Meer, und der Orkan trieb mich in gerader Richtung darauf zu. Plötzlich fühlte ich eine so mächtige Erschütterung, dass ich unwillkürlich die Seile fahrenließ. Meine Hände lockerten sich; ein Tau glitt schnell zwischen meinen Fingern durch, und ich befand mich auf festem Boden!

Das Ankerseil des Ballons hatte die Erdoberfläche gestreift, sich in einer Felsspalte verfangen, und ich war an ihm herabgeglitten. Mein Ballon, der auf diese Weise nochmals bedeutend entlastet wurde, verlor sich bald hinter dem Horizont des Meeres.

Als ich wieder zu Bewusstsein kam, fand ich mich in einem Bauernhause gebettet, und erfuhr, dass ich in Harderwick, einer kleinen Geldernschen Stadt, sei, die etwa fünfzehn Meilen von Amsterdam am Ufer der Zuydersee liegt.

Mein Leben war durch ein Wunder gerettet worden, und als ich mir meine Fahrt noch einmal vergegenwärtigte, musste ich gestehen, dass sie durchweg eine Reihe von Unvorsichtigkeiten gewesen sei, die ein Wahnsinniger ausführte, und die ich nicht hatte hindern können.

Möchte diese Erzählung einen doppelten Zweck erfüllen, indem sie ihre Leser interessiert und belehrt; die kühnen Schiffer der Luftbahnen aber möge sie nicht in ihren Forschungsreisen entmutigen! ❐